"60分妈妈"系列

孩子、家庭与人世间

[英]唐纳德·温尼科特 —— 著

李仑 —— 译

The Child,
the Family and the Outside World

中国出版集团
世界图书出版公司

图书在版编目（CIP）数据

孩子、家庭与人世间 /（英）唐纳德·温尼科特著；李仑译. -- 北京：世界图书出版有限公司北京分公司，2023.4
（唐纳德·温尼科特儿童心理）
ISBN 978-7-5192-9883-8

Ⅰ.①孩… Ⅱ.①唐…②李… Ⅲ.①婴幼儿心理－研究 Ⅳ.①B844.11

中国版本图书馆CIP数据核字（2022）第159850号

书　　名	孩子、家庭与人世间 HAIZI JIATING YU RENSHIJIAN
著　　者	[英]唐纳德·温尼科特
译　　者	李　仑
责任编辑	余守斌
装帧设计	王左左
出版发行	世界图书出版有限公司北京分公司
地　　址	北京市东城区朝内大街137号
邮　　编	100010
电　　话	010-64038355（发行）　64037380（客服）　64033507（总编室）
网　　址	http://www.wpcbj.com.cn
邮　　箱	wpcbjst@vip.163.com
销　　售	新华书店
印　　刷	天津光之彩印刷有限公司
开　　本	880mm×1230mm　1/32
印　　张	8.25
字　　数	200千字
版　　次	2023年4月第1版
印　　次	2023年4月第1次印刷
国际书号	ISBN 978-7-5192-9883-8
定　　价	49.80元

版权所有　翻印必究
（如发现印装质量问题，请与本公司联系调换）

丛书译者团队

翻译统筹：何 昇
译　　者：何 昇　李 仑　孙长玉　黄 杰　何 蓓
　　　　　谭 露　林立宁　王琳丽　高 旭

序　言

　　大约二十年前，在结束儿科培训后，我意外拜读了唐纳德·温尼科特先生的著作。当时，约翰·肯内尔和我正在做"正常父母如何与婴儿建立联系"的研究。我在温尼科特的著作中发现，他的观点对于我们临床研究与观察非常有用。尽管我们有过很多的推论，是关于母亲与婴儿的日常接触所带给婴儿的影响，而且是在"婴儿早期"这样貌似短暂的时期内，对婴儿的未来所产生的深远影响，但是我们当时并没有第一时间考虑到温尼科特的理论。

　　温尼科特强调，生命早期的接触可以让母亲确信自己的孩子是健康的，而且这种确信非常有必要。因为大多数母亲会想象自己的孩子有残疾，她们很难相信自己足够好，可以创造出健康婴儿这样美好的存在。另外他还指出，在分娩后的头几天，大多数母亲并没有完全与婴儿分化。这也许在一定程度上能够解释，为什么很多妈妈在婴儿出生后的头几天，如果离开家就会感到焦躁。

　　"二战"前，英国充满了乐观和希望，温尼科特先生在那里长大，他从未对人类自我调整、发展及成长的能力失去信心。在帕丁顿格林儿童医院当儿科医生时，他开始了针对个人的精神分析。20世纪30年代中期，他获评精神分析师，后来两次当选为英国精神分析学会会长。在之后的四十年里，温尼科特留在帕丁顿格林儿童医院并有了自己的科室，同时也在帕丁顿诊所工作。他对儿童的关注在1931年出版的《儿童疾病临床笔记》一书中可见一斑。

《孩子、家庭与人世间》的素材大部分来自温尼科特为BBC做的系列广播。这部书于1964年首次出版，很快成为在英国家长中广为流传的养育指南。

《斯波克育儿经》的作者本杰明·斯波克和温尼科特同为知名的儿科专家，两人的职业生涯既有相似又有不同。他们的职业生涯都是从儿科医生开始，接受分析训练，但他们的贡献和工作方向却截然不同。斯波克是一名颇有才华的儿科医生，他擅长理解并讲述儿童行为的复杂性；而温尼科特的临床工作则专注于儿童精神病学，他的著作主要涉及儿童和家庭的心理动力学。

虽然温尼科特的著作看起来非常浅显，但意义深刻，发人深省。例如，在本书第三章中他写道："有些孩子甚至在婴儿早期就不能如愿地躺着。"他观察到父母经常试图刺激婴儿，觉得自己有责任让婴儿充满活力。温尼科特认为，每个婴儿都需要持续关注。他们的身体里有一个"生命之火"，这是婴儿与生俱来的一部分，以某种方式向前推进，驱动着生命成长、发展，无须我们理解。他把婴儿比作窗台花箱里的某个鳞茎植物，球茎不一定非得长成水仙花。有了肥沃的土壤、适宜的阳光和水，鳞茎就能生根发芽。他强调，试图把婴儿当成一块黏土来塑造是错误的，因为那样家长会觉得需要为孩子成长的结果负责。他发现，如果父母"能接受婴儿可以自己成长，就可以在满足孩子的需求之余，享受观察孩子成长的乐趣"。

我读到的所有关于新生儿期"够物能力"（婴儿早期触碰客体的能力，现在被称为"自主动作"）的研究中，温尼科特是最早提到这一点的。他在作品中写道："从小男孩出生的那天起，每次喂饱之后，护士长就把摇篮里的他放到母亲的床上。在安静的房间里，当婴儿醒着的时候，母亲会把手放在他面前，不到一个星期，他就开始抓住她的手指，朝她的方向抬头看。"

三十年后，两名法国医生克劳丁·阿米尔·蒂森和阿尔伯特·格雷尼尔的研究表明，出生后的头几天，如果颈部得到有效支撑，大约50%的正常法国婴儿在安静且清醒状态下，是可以伸手去抓握物体的。在此之前，人们一直以为婴儿最早也得在四五个月的时候才能做到这一点。最近，阿米尔·蒂森教授的研究结果证实了这一点。

温尼科特的观察读起来真是令人饶有兴味。阅读本书常常引发我一连串的回忆与思考，很值得细细品味。作为父亲和祖父，当我协助抚养孩子时，真恨不得自己早点知道温尼科特的见解。

对我来说最有趣的是第十章"婴儿的小世界"。温尼科特指出，健康的成年人对世界是有现实感的，并能意识到哪些是想象的，哪些是客观的。然后他问读者：难道我们一开始就是这样的吗？答案是否定的。除非我们每个人的母亲能够在最开始的时候，一点一滴地向我们介绍这个世界。他还解释说：对于婴幼儿来说，每一种感受都是非常强烈的。作为成年人，我们只有在某些特殊时刻才能感受到这种属于孩提时期的极度欢愉，而在孩提时代，任何让我们有感觉且不害怕的东西都是受欢迎的。

"孩子同时生活在两个世界中：成年人与孩子共同生活的世界，

与孩子自身的想象世界。这两个世界是合而为一的。因此，当我们与那个年龄的孩子打交道时，我们不必坚持自己对世界感知的正确性。如果一个小女孩想飞，我们不能仅仅说'小朋友没法飞'；相反，我们要把她抱起来，举过我们的头顶……"

通过大量的、普遍的观察，温尼科特强调不要遏制幼儿想象力的重要性："人的成长，需要接受这个真实世界的供给，然而，这并不意味着要以丧失个人内心的想象世界为代价。"

当然，这样的发现给二至四岁幼儿教育提出了难题。在尝试训练、教育幼儿了解"真实世界"或把他们塑造成小科学家的过程中，存在着一个很大的风险，那就是可能会摧毁他们早期的想象世界。教育必须为孩子的大脑提供一个开放的环境，而不是扼杀想象或"强烈的感受力"。

第三十三章是"探视住院儿童"。这一领域随着近代医学的发展，书中部分内容显得有些过时。这篇文章是在父母第一次被允许到医院自由探视孩子的时候写成的，在此之前，孩子住院是禁止父母探视的。直到20世纪50年代中期，父母才被允许每周可以在医院看孩子半小时。回想起来，当时的温尼科特似乎过于担心家长的探视问题了，但他完全理解孩子和家长的需要，并敦促改革了医院的相关规章制度。他特别提醒大家注意这些实际存在的问题，因为他认为探视非常重要。

温尼科特对父亲的观点也与现在流行的看法截然不同。温尼科特认为，父亲应该保护和照顾母亲。父亲保护母亲，使她能与婴儿发展出亲密关系，在家里，父亲需要让母亲感到身心愉悦。这与我们现在观察到的许多父母试图实现对婴儿的均等照顾完全不同。尽管存在这些差异，但温尼科特关于父亲如何极大地丰富孩子的世界的建议（见第十七章）至今仍具有现实意义。人们越来越认识到，父母在婴儿成长中扮演着不同但同等重要的角色。

仔细阅读这本书，我们可以发现，温尼科特有着非同寻常的感受能力。他能够想象自己处在母亲的位置，对母亲的经历感同身受，并用一种有益的、理解性的、使人宽慰的方式表达出来。他尊重、欣赏父母，并且体谅错误，认可进步，也接受退步，接纳人性。他让父母知道他们是可以犯错并改正的。他从不颁布规章制度。本书一开头，他就强调不会告诉任何人该做什么，而是对母婴关系提出自己的独到观点和超前见解，接着展开进一步讨论，旨在丰富经验，为父母提供一个极为有趣的视角。他从不过分干涉、破坏、污染或改变父母的本能感受，他解释得恰到好处，这样，如果父母有能力的话，他们就可以让自己充分享受生命中的这些特殊时刻。

最后，我发现，最令人愉悦的是温尼科特与母亲们谈话中的热情、乐观，对母亲天赋的欣赏，以及他致力于引导父母发现养育孩子的真正乐趣。下面内容是我在他的作品中最喜欢的：

"所以，你现在打算把所有鸡蛋都放进一个篮子里了，是吗？下面打算做什么呢？嗯，好好享受吧！

"享受被认为重视的感觉。当你创造了一个家庭新成员时，享受让其他人照顾的感觉。享受完全爱自己的感觉，孩子几乎是你的一部分。享受你的爱人为你和孩子的幸福负责的感觉。享受发现新的自己的感觉。享受拥有前所未有的权利去做你认为对的事情的感觉……为了你自己，享受这一切。

"从婴儿的角度看，你能从繁重的照护中获得快乐恰恰是至关重要的……他认为所有的照料都是理所当然的，比如衣物柔软，洗澡水温合适，但这理所当然中不包括母亲给孩子穿衣服和洗澡时的愉悦感。如果你能享受这一切，就能成为婴儿生命中的阳光。"

马歇尔·H. 克劳斯医学博士（Marshall H. Klaus, M.D.）

1987年1月

自序

在我看来，需要有一篇文章介绍一下本书，它涵盖了妈妈与宝宝、父母和子女、孩子与学校以及外界环境的关系等内容。我的视角是随着孩子的年龄增长而变化的。随着孩子成长，我们与孩子的关系也从婴儿照护期的亲密到渐渐分离，彼此独立，这是一种恰如其分的变化，希望我的笔触能够与之一致。

虽然本书前面几个章节的内容与妈妈们紧密相关，但我并不认为它是新手妈妈必不可少的阅读书籍。相比于这些内容，妈妈更需要对如何养育孩子保持自己的感觉。她需要照顾技巧，需要育儿知识，需要医学常识来保障身体健康，需要熟悉且信任的医生和护士，还需要丈夫的忠诚以及令人满意的性体验，但她并不需要事先就被告知做妈妈是何种感觉。

我的主要观点是：最好的养育来自母性本能，而且这种与生俱来的潜能有别于教条的学习，我努力区分清楚它们的边界，这样，母亲浑然天成的能力就不会遭到破坏。

我相信可以直接与为人父母者交流，因为人们都希望知道婴儿早期发生了什么，具体直白、贴近生活的描述方式，能帮助我们更好地理解母亲与婴儿在养育中的关系。

　　人们想知道自己的早期成长过程，我认为他们也应该知道。如果孩子长大为人父母后，还不知晓母亲在养育中，特别是早期养育中的付出，那是这个社会的缺憾。

　　但我并不想在这里说孩子应该感谢父母赐予生命，感谢他们给自己一个家，包括将家务安排得井井有条。我关心的是妈妈在孕期及产后头几周、几个月内与宝宝的关系。需要说明的是，在丈夫的支持下，专心照顾婴儿的普通妈妈就已经为个体和社会做出了巨大的贡献。

　　然而，母亲这种基于天性的、忘我的全然付出，因为平凡和司空见惯，其伟大之处总容易被人忽略。如果我们承认母亲的这份贡献，那么只要认为自己是一个神志健全、觉得活着有意义且幸福的人，就应对女性感激不尽。要知道，在婴儿最早期，每个人都是完全依赖母亲的。

　　我再强调一次，对母亲的认可并不是为了感激甚至赞美，而是为了减轻我们自身的恐惧。如果我们的社会迟迟不愿承认人之初每个人都依赖母亲这一客观事实，我们内心就会因为恐惧而妨碍生命固有的自在与健康。如果人类对母亲的角色没有正确的认知，就会对"依赖"产生无以名状的恐惧。这种恐惧有时表现为对女性群体的恐惧，有时表现为对某一女性的恐惧，有时甚至很难辨别恐惧的对象，但都包含着对"被控制"的恐惧，它与依赖是密切相关的。

　　不幸的是，害怕"被控制"的恐惧，并没有使人们免于被控制；相反，它导致人们会被某种特定的控制所吸引。在对独裁者的心理进行深度研究时，我们会发现，这些人的个人奋斗史中，总是有试图控制某个或某些女性的过程，是因为在他的潜意识里，他非常恐惧被女性所控制，所以会通过软硬兼施、包办一切来达到控制她的目的，并反过来要求她的完全服从和爱慕。

许多社会历史学家认为，对女性的恐惧导致了人类群体一些看似不合逻辑的行为，但人们对其根源却毫无察觉。归根结底，这种对女性的恐惧其实是对承认婴儿早期依赖的恐惧。因此，我们有充分的社会学理由去研究早期的母婴关系。

目前，母亲对婴儿早期的重要性是被否定的，人们认为在头几个月里，婴儿仅仅需要身体上的照护，一个合格的护士也可以做得很好。我们甚至发现，母亲们被教导（我希望不是在这个国家）必须要给孩子母爱，这是对母爱最大程度的否定，因为母爱是自然而然产生的。

在社会上，保持整洁以及卫生保健等各种被大力鼓吹的育儿琐事充斥在母婴之间，干扰着母婴关系的自然发展，母亲们被这些琐事淹没，不太可能团结一致、反对外人干涉。一些有了第一个、第二个孩子的年轻母亲们，本身也处于依赖的状态，必须有人为她们做些什么支持她们，这就是我写此书的原因。在母亲们依靠本能天性照顾孩子时，我希望能给予她们支持，同时也向所有为父母（和替代性父母）提供养育技巧、关怀和帮助的人致敬。

唐纳德·W. 温尼科特（Donald W. Winnicott）

目　录

一 母亲与孩子

第一章　一个男人眼中的母亲 / 3

第二章　了解你的孩子 / 6

第三章　与生俱来的生命力 / 12

第四章　婴儿喂养 / 16

第五章　食物都去哪儿了？ / 21

第六章　消化过程的终点 / 26

第七章　母亲喂养婴儿的特写 / 31

第八章　母乳喂养 / 36

第九章　婴儿为什么哭？/ 44

第十章　婴儿的小世界 / 55

第十一章　把婴儿当作一个人 / 62

第十二章　断奶 / 68

第十三章　关于婴儿作为人的进一步思考 / 74

第十四章　婴儿与生俱来的品德 / 82

第十五章　孩子的本能和正常困难 / 88

第十六章　孩子和周围人的关系 / 93

家庭

第十七章　父亲的作用 / 103

第十八章　他人的标准和你的标准 / 110

第十九章　"正常孩子"是怎样的孩子？/ 116

第二十章　独生子女 / 124

第二十一章　双胞胎 / 130

第二十二章　孩子们为什么玩游戏？ / 136

第二十三章　孩子与性 / 141

第二十四章　偷窃与说谎 / 157

第二十五章　首次尝试独立 / 163

第二十六章　对普通父母的支持 / 170

三　人世间

第二十七章　五岁以前孩子的需要 / 177

第二十八章　母亲、教师和孩子的需要 / 188

第二十九章　关于影响与被影响 / 199

第三十章　教育诊断 / 205

第三十一章　儿童的羞怯和紧张是病吗？ / 212

第三十二章　学校中的性教育 / 217

第三十三章　探视住院儿童 / 223

第三十四章　青少年犯罪 / 230

第三十五章　攻击的根源 / 236

母亲与孩子

第一章　一个男人眼中的母亲

首先，你要是知道，我不打算告诉你该怎么做母亲，但愿这能让你松一口气。我是一个男人，我永远无法真正体会作为一个小婴儿从独立又依赖的襁褓状态逐渐长大成人的感觉。只有女性才能体会到这一点，即使她因为某些原因没有实际体验过养育孩子，但女性的优势也能让她通过丰富的想象得到某些感受。

那么，如果不打算向母亲给出指导性意见，我该做什么呢？我已经习惯了母亲们把孩子带到我这里来当面讨论各种问题，在交谈中，小宝宝在母亲的膝盖上跳来跳去；伸手拿桌子上的东西；爬到地板上、椅子上；从书柜里拿书；看到穿白大褂的医生就害怕地紧紧抓着母亲，因为医生是吃孩子的大怪物。年纪稍长的孩子会在桌子上画画，而我和他的母亲则在旁边试着拼凑出他的成长史，看看是哪个环节出了问题。孩子一边竖着耳朵听以确保我们没有恶意，一边不时地通过图画与我交流。

这些操作我都轻车熟路，而我此刻却是要用想象和经验来建构婴幼儿的世界，这与之前的工作截然不同。

身为母亲的你也有同样的困惑。面对一个几周大的婴儿，你不知道该如何与他沟通。如果我们无法交流，你是何种感觉？正在思考这个问题的你，不妨试着回忆一下，你的孩子是在什么时候开始注意到你这个人？又是在什么时候让你激动地确信你们俩是在交流？你不必通过说话把信息表达得面面俱到。你也不需要用语言来交流。

　　你关心着宝宝的身体，并且沉醉其中。你知道如何抱起，如何放下，如何让婴儿独自躺在小床里；你也懂得如何让衣物松软得当，孩子温暖舒适。没错，当你还是个小女孩，在玩洋娃娃的时候你就知道了。当然，哺乳、洗澡、换尿布、抱孩子这些你更是驾轻就熟。有时候宝宝尿了你一身，浇得你浑身湿透，跟摔倒在水里了似的，但你并不介意。实际上，就是通过这些你才知道自己是一个女人，一个普通而尽职尽责的母亲。

　　我说这一切的目的是想告诉你，我这个完全脱离现实生活的男人不需要和婴儿的吵闹、气味打交道，也无须为照护孩子负责，但我知道母亲如何在照护婴儿的过程中品味生活，感受世界。

　　如果现在你对我有了大致的了解，也许你会希望我多谈谈母亲为何平凡而伟大，或者在儿童成长发展早期，家长该怎么做。我没法告诉你究竟该怎么做，但我可以谈谈这件事的意义。

　　照顾孩子虽是看似平凡，但很重要，其好处在于你不需要很聪明，甚至根本不用思考。上学的时候，也许你所有的朋友都拿到了奖学金，但你因为算术特差、讨厌历史、考试不及格，早早就离开了学校；也许如果考试前没得麻疹，你会考得很好；又或者你就是很聪明。但这些都不重要，它与你是不是一个好母亲没有任何关系。如果一个孩子能玩洋娃娃，她就能成为平凡而伟大的母亲，我相信绝大多数时间你都可以。

　　如此重要的事情居然不需要凭借非凡的智慧，这难道不奇怪吗？

　　如果婴儿最终成长为健康、独立、有社会意识的人，那绝对是因为有一个良好的开端，而这个良好的开端实际上与母婴关系（爱）

息息相关。所以，如果你爱你的孩子，他或她就已经有了一个很好的开始。

强调一下，我并不是在大发感慨。你知道，有种人一直说"我就是喜欢孩子"，但你会好奇"真的吗"？母爱是原始质朴、未经加工的，它既包含了占有欲，也有对孩子的讨厌；还蕴藏着宽容、力量与谦逊。但多愁善感完全不在其列，大发感慨只会让母亲们反感。

现在，你不用思考就可以做一个平凡又伟大的母亲，而且你还享受其中。艺术家通常是讨厌思考艺术与艺术目的的。作为一个母亲，你可能更不愿意思考，所以在本书中，我们会谈一谈如何只做自己就可以平凡而伟大。也有些人喜欢思考。也许你的孩子已经上学了，然后你回想过往，思索曾经的养育方式。如果一切都是凭直觉做的，那可能就是最好的。

了解照护婴儿者们所扮演的角色非常重要，这样我们就可以保护年轻的母亲和她的孩子不受到干扰。如果她做得那么棒却不被理解，她就无法捍卫自己的身份。照别人说的做，看看自己母亲以前怎么做的，或者学学书上是怎么写的，这些要求或暗示都极易搞垮她们。

父亲们要参与进来，不仅因为短时间内他们也可以成为"好母亲"，还因为他们有助于保护母亲和婴儿不受外界的影响，这是照顾孩子的本质与精髓所在。

对于婴儿，我们有太多想要知道的了，也许只有母亲才能告诉我们答案。在后面的章节中，我将逐一展现一个母亲对她孩子的描述。

第二章　了解你的孩子

一个女人怀孕后,她的生活会发生翻天覆地的变化。在此之前,她可能爱好广泛,是个商业女强人、头脑敏锐的政治家、狂热的网球爱好者或舞者。她可能暗暗鄙视过朋友们有了孩子后相对受限的生活,对她们的单调乏味评头论足,对她们着迷于讨论洗晒尿布感到厌恶。如果她对孩子偶有兴趣,这个兴趣也只不过是一时兴起。但早晚有一天,她会怀孕。

起初,她可能会对此愤愤不平,因为她很清楚自己的生活将被严重干扰。她所见所闻全是事实,谁要是否认谁才是傻子。除非太想要孩子了,否则婴儿绝对是个讨厌的大麻烦。所以,如果一个年轻女性还没有做好要孩子的打算,一旦怀孕她会觉得自己很不幸。

然而,无数女性的经验表明,在怀孕期间,这个想法会慢慢改变。与其说是她的爱好逐渐减少,倒不如说是她的关注点逐渐从外界转向自身。她慢慢地坚信,世界的中心就在她自己的身体里。

也许你们中的有些读者正处在这个阶段,开始有点儿为自己感到骄傲,感到自己值得被尊重,觉得在人行道上大家就应该自动为你让路。

当你越来越确信自己很快就会成为一个婴儿的母亲时,你会敢于"把所有的鸡蛋都放进一个篮子里"(俗语)。你开始"以身犯险",关心即将出生的是男孩还是女孩。你深深地感受到这个男孩或女孩将是你的孩子，而你将是他或她的母亲。

成为一个母亲，你会经历很多，正是因为你经历了这么多，你才能清楚地知道如何照护婴儿，因此，那些不做母亲的人需要学习数年才能获得的知识，你在日常经验中就可以完全理解。但你可能非常需要我们这些研究者的支持，因为一些迷信观念，还有那些老妇人的讲述（其中有些还很时新）萦绕着你，让你怀疑自己的真实感受。

让我们想想：一个普通的头脑正常的母亲都会知道孩子有多么重要，这是事实。但是，旁观者却经常忘了这一点。我认为最重要的是，作为一个母亲，你很容易就能感觉到孩子值得你去了解，值得你尽早地去了解。

在子宫里，你的孩子就是一个人了，一个不同于其他任何人的人。到出生的时候，他或她就已经有了相当多的体验，不愉快的和愉快的都有。当然，即使新生儿脸上没有呈现，你也很轻松地就能明白。不过可以肯定的是，婴儿有时可能看起来很聪明，甚至沉着冷静。但如果我是你，我不会由心理学家来断言新生儿是否具有人性，我会马上来认识一下这个小家伙，同时让他或她认识我。

通过期待中的胎动，你已经知道了宝宝的一些特征。如果胎动频繁，你可能会想知道"男孩动得比女孩厉害"这个有趣的说法到底有几分可信度。不管怎样，这种生命力活跃而旺盛的真实感觉让你很高兴。我想，在这段时间里，宝宝也会对你有了很多了解。他与你共享美食。早晨你喝一杯美滋滋的茶或者跑步赶公交，都会让他的血流速度加快。从某种程度上来说，他也一定知道你什么时候焦虑、激动或生气。如果他已经习惯于你的坐立不安，那么出生后他可能会喜欢在你膝盖上跳跃，或者让摇篮一直摇晃他；相反，如果他习惯了你的娴静，那么出生后他可能更喜欢安安静静地坐在母亲的腿上，或者一辆静止的婴儿车里。可以说，他对你的了解远甚于你对他的，因为他一直知道你的状态，而你需要一直等到他出生，听到他的哭声，你才能好好看他，抱他。

孩子出生后，母婴的状况差异很大，也许你需要两三天才能和宝宝一起享受彼此的陪伴。但是如果你情况还不错，就没有理由不马上开始认识彼此。

我认识一位年轻的母亲，她很早就开始与儿子建立联系了，这是她的第一个孩子。我相信这种不断发展的亲密关系，为孩子的人格、情绪发展以及抗挫折能力奠定了基础。

在与宝宝的早期接触中，令人印象最深刻的就是宝宝要吃奶的时候，那时候宝宝很兴奋；你的胸部也会有涨奶的感觉，这说明你也很兴奋。如果孩子对你们俩的兴奋习以为常，宝宝就能管理自己的冲动和欲望。因为在我看来，婴儿会对自己的兴奋感到惶恐不安。你有观察过吗？

在接触婴儿的过程中，你肯定会发现宝宝的两种状态：满足（几乎不兴奋）或兴奋。一开始，宝宝并不兴奋，大部分时间都在睡觉，醒着且安静的时候很少。我知道有些"困难型"宝宝，他们一直哭，表现得很难过，即使哺乳也不容易哄好。在这种情况下，母亲觉得很难和宝宝建立令人满意的关系。但随着时间的推移，情况可能逐渐好转，孩子渐渐安稳下来，比如，也许在洗澡的时候，关系就出现了转机。

你需要弄清楚孩子到底是满足还是兴奋的原因之一，是他需要你的帮助。如果你不了解，你是无法帮到他的。从睡眠或清醒的满足状态转变到竭尽全力地贪婪吃奶，这个过程对于婴儿来说非常可怕，他需要你帮助宝宝应对这个困难。可以说，这是你成为母亲后的第一个任务。除了常规工作外，母亲还要掌握好多技能，但这些技能只有母亲才会，一些优秀的、在孩子出生的头几天就收养了宝宝的女性，也具有这种技能。

例如，婴儿出生时不会自带闹钟并附说明：请三个小时喂我一次。按时哺乳对母亲或护士来说都很方便，从婴儿的角度来看，有规律的哺乳也是最好的选择。但婴儿一开始并不想要有规律的喂养，事实上，我认为婴儿想要的是"招之即来挥之即去"的乳房。偶尔，母亲可能不得不用吉卜赛人自由散漫的方式喂一段时间，然后才能培养让她感到方便的习惯。

无论如何，当你开始了解孩子，知道他期待时是什么样子，这是好事，即使你拿定主意不能满足他的期待。而且，如果你完全了解婴儿，你会发现只有当宝宝兴奋时，宝宝才会暴露出专横的天性。此时，他会太过愉悦而无法发现乳房或奶瓶后的母亲，包括母亲身后的房间，以及房间外的世界。尽管你有太多想要知道的关于婴儿的情报，但你会发现，我一直建议，你更需要在宝宝洗澡、躺在小床上或换尿布时了解宝宝。

如果现在是由护士来照顾你和宝宝，如果宝宝只在哺乳时才交到你的手上，我想说，这对你很不利。当然，我也希望护士能理解我，别认为我妨碍了她的工作。作为母亲，现在的你需要护士的帮助，你还不能完全自己照顾婴儿。但是如果你只是在哺乳时才看到宝宝，却并不了解宝宝熟睡或醒时思考的样子，那你们彼此都很难熟悉，彼此都会有奇怪的陌生感。这个时候的宝宝虽是个小小人，但内心却有非常多的不满足，犹如雄狮、猛虎一样狂暴。宝宝很容易被自己这种感觉吓坏。

而如果没人向你解释这一切,你可能也会害怕。

相反,如果能够让婴儿躺在你身边,在你的怀里和胸前玩耍,你足够了解宝宝后就会发现,他也可以很恰当地表达兴奋,你会把这视作一种爱的形式。那么,当他把头转过去拒绝吃奶,如谚语所说"牛不喝水强按头",或者当他在你怀里睡觉拒绝吃奶,又或者当他烦躁不安不好好吃奶的时候,你也就能理解到底发生了什么。他只是对自己的感觉感到害怕,在这一点上你可以帮助他。

因为没有人比你更有耐心,你允许他玩耍,允许他舔乳头,允许他用小手抓乳房等,允许他做所有可以让婴儿感到享受的事情,直到最后他通过冒险和吮吸建立了信心。这对你来说并不容易,因为你也有自己的感受,你的乳房已经胀满,要等到宝宝吸空后才能再次充盈。但如果你知道发生了什么,你就能够渡过难关,并在哺乳时和宝宝建立起良好的母婴关系。

孩子也没那么傻。当你明白兴奋对他来说意味着一种体验,这种体验就像是我们被扔到狮群里一样,那就难怪他在完全把自己交给你之前,得确保你是一个可靠的哺乳人。如果你辜负了他,那种感觉就像野兽会把他吃掉一样。所以,给他一点儿时间,他会发现你,最终你俩都会珍视他对乳房的无比眷恋。

我认为,年轻母亲与婴儿早期接触的一个很重要的点就是,这样可以让她确信自己的孩子是正常的(不管这意味着什么)。

就身为母亲的你而言,正如我所说,你可能太累了,无法在第一天就开始和你的宝宝交朋友,但你应该知道,母亲在婴儿出生后想马上了解她的宝宝,这是很自然的。这不仅是因为渴望了解他(或她),还有另外一点——也正是因为这一点,使这件事显得极为紧迫,那就是母亲关于生孩子的各种可怕的想法。她觉得自己一定生不出那么完美的婴儿,就好像人类很难相信自己足够好,好到可以创造出某种特别棒的东西。

我怀疑是否有母亲真的一开始就能完全相信,她的孩子是足够好的。父亲也是如此,因为他和母亲一样,怀疑自己不太可能生出一个健康正常的孩子。因此,第一时间了解你的宝宝是非常要紧的,这样可以安抚父母双方。

在这之后,父母会因为爱和自豪想去了解宝宝。你会仔细地研究他(或她),以便能够帮助他,他也只能从最了解他的人那里得到帮助,那个人就是你——他的母亲。

所有这些,都意味着照顾新生儿是一项全年无休的工作,这项工作只有一个人才能做好。

第三章　与生俱来的生命力

我一直在写有关母亲和婴儿的著述。倒不是特意写来告诉母亲们应该做什么，因为她们可以很容易从福利中心获得关于照护婴儿的技巧和建议。事实上，太多建议、太过唾手可得的信息，反而让她们感到更加糊涂。我写作的目的，恰恰是为了帮助那些日常就知道如何照护孩子的母亲，我想帮她们了解婴儿的特点，搞清楚发生了什么。她们知道得越多，就越有能力相信自己的判断。只有当母亲相信自己的判断时，她才能处于最佳状态。

对于一个母亲来说，能做自己想做的事情无疑是极其重要的，因为这样才能够让她体会到自己内心丰沛的母爱。正如一个作家会感叹于自己的才思如泉涌，母亲也常常为与孩子接触中发生的一切讶异不已。

有人可能会问，除了尽职尽责外，女人是如何通过别的方式学习做母亲的？如果她只能听命于人，按照"我说你做"的方式行事，那么能做到的肯定很有限；为了提高自己，就只能再选择更有经验的人来指导她。但是，如果能按照自己的方式随心行事，一个母亲就可以自由地边摸索边成长。

父亲也可以起辅助作用。他能够为母亲提供一个自由的环境。有了丈夫的护佑，母亲就可以腾出手来以孩子为中心，全心全意地照护孩子，而不是疲于应付外界环境。这段时光不会持续很久。母婴关系的纽带在生命之初是非常强大的，我们必须尽自己所能让母亲在这段时间内全神贯注、心无旁骛。

巧的是，这段经历不仅对母亲有益，对婴儿也同样重要。

今天，我们刚刚才开始意识到新生儿是多么需要母爱。成年人的健康来自童年时期的逐步积累，但其基础却是在婴儿的头几周和几个月里奠定的。成为母亲后，当你讶异于自己对外界暂时失去兴趣时，也许这个观点会对你有所帮助。你在为社会培养健康的人做贡献。这份工作是值得的。奇怪的是，人们普遍认为孩子越多越难照顾，事实上，我相信孩子越少，照顾起来压力就越大。全身心地只照顾一个孩子，压力最大却也美好，而且持续时间不长。

所以，你现在打算把所有鸡蛋都放在一个篮子里了，是吗？下面打算做什么呢？嗯，好好享受吧！

享受被重视的感觉。当你创造了一个家庭新成员时，享受让其他人照顾的感觉。享受完全爱自己的感觉，孩子几乎是你的一部分。享受你的爱人为你和孩子的幸福负责的感觉。享受发现新的自己的感觉。享受拥有前所未有的权利去做你认为好的事情的感觉。享受孩子又哭又叫拒绝吃奶时的烦恼。享受各种跟男人无法解释清楚的、来自女性的感受。我知道你尤其享受的是，婴儿逐渐体现出人性特征的同时，你也被婴儿感知和看见。

为了你自己，享受这一切。

从婴儿的角度看，你能从繁重的照护中获得快乐恰恰是至关重要的。婴儿不喜欢被母亲按时按剂量哺乳，他认为所有的照料都是理所应当的，比如衣物柔软，洗澡水温合适，但这理所当然中不包括母亲给孩子穿衣服和洗澡时的愉悦感。如果你能享受这一切，就能成为婴儿生命中的阳光。母亲要能从中找到快乐，否则照顾婴儿会变得毫无生气，没有意义，机械僵化。

这个享受是自然而然产生的。当然，享受的过程中会时不时地冒出担忧，它很大程度上来源于无知。就像你读过的分娩放松法，写书的人倾其所能去解释怀孕和分娩期间会发生什么，这样母亲们就可以放松地自然分娩，不再为未知担忧。分娩的痛苦并不来自分娩本身，而是对于恐惧的紧张，主要还是对未知的恐惧。当所有的未知解释清楚后，如果你恰好还有一个好的医生和护士，你就能够忍受分娩之痛。

同样地，在孩子出生后，你是否能在照顾孩子中获得乐趣取决于你有没有因为无知和恐惧而紧张担心。

在这本书中，我想给母亲们提供相关的信息，这样她们就可以更多地了解婴儿身上发生的事情；如果她们在照顾婴儿时能轻松、自然并沉醉其中，她们将会发现：婴儿需要的正是母亲所擅长的。

我将会谈及婴儿的身体、心理及婴儿的成长发展；我还会讲讲如何将这个世界一点一滴地介绍给婴儿，为这些新降临世界的小家伙解惑。

现在我只想做一件事，亲爱的，就是这个。孩子的成长和发展并不取决于你。每个孩子都会自己长大。他们的身体里有一个"生命之火"，驱动着生命成长、发展，这是婴儿的一部分，是与生俱来的，以某种方式向前推进生命历程，无须我们理解。

例如，如果你把一个鳞茎植物放在窗台的花箱里，你会非常清楚，它不一定非得长成水仙花。有了肥沃的土壤、适宜的阳光和水，鳞茎植物就能生根发芽，因为植物本身就有生命。

现在，照顾婴儿比照顾水仙花球要复杂得多，但道理相同，因为无论是鳞茎植物还是婴儿，很多事情都不是你说了算的。孩子的生命是从你子宫里开始的，从那一刻起他就只是暂住你体内而已；出生后，他暂住你的怀中。事实上，这段彼此拥有的温馨时光不会持续很久。孩子很快就会到上学的年纪，会离开你的怀抱。只是在此时此刻，他身体又小又弱，需要你的爱与照护。但即使如此，也没有改变这个事实，即生命的成长和发展是婴儿与生俱来的。

我不知道你是否乐意听到有人这么说。我认识一些母亲，她们觉得对孩子的活力负责是以失去享受做母亲的乐趣为代价的。如果婴儿睡着了，她们会走到小床前，希望他或她醒来，依然保持活跃。如果孩子闷闷不乐，她们就会陪他玩，逗他，爱抚他的脸，让他笑，其实这些对孩子来说毫无意义。这只是一种反应。这些人总是试图让婴儿在自己的膝盖上跳来跳去，让他咯咯直笑，或者用任何可以显示婴儿充满活力的方式来让自己放心。

有些孩子甚至在婴儿早期就不能如愿地躺着。他们完全不能随心所欲地生活。

依我之见，如果我告诉你，婴儿的成长和发展有其规律（事实上，你想阻止也阻止不了），也许你能更好地享受照护孩子。归根结底，生命的发展与其说是依赖意愿，不如说是依靠呼吸。

你们有些人创作过艺术作品，绘画，做黏土，或者织套头衫、裙子，这些艺术品都是你劳动的成果。婴儿则不同，他们在自己慢慢长大，而你只是一个提供了合适环境的母亲。

有些人似乎把孩子看作陶工手中的黏土，他们塑造婴儿，并认为应该对结果负责。这是完全错误的。如果你认为这是你的义务，那么你将被这不必要的责任压垮。如果你能接受婴儿可以自己成长，就可以在满足孩子的需求之余，享受观察孩子成长的乐趣。

第四章　婴儿喂养

自20世纪初，医生和生理学家在婴儿喂养方面做了大量工作，他们写了很多书和无数的科学文章，每一篇都充盈着该领域的专业知识。所有这些工作的结果是，我们现在可以把喂养婴儿这件事分为两个类别：一类是物理的、生化的或客观实体的，没有人可以光凭直觉就明白这些，在这类科学问题上，人们需要深入学习；另一类则是心理学层面的，关于感受和对关系的理解，这个方面，人们能够通过自身体验和简单的观察就能获得这方面的信息。

归根结底，哺乳就是一个母婴关系的问题，是两个人之间爱的实践体验。然而，要接受这一点并非易事（尽管母亲们认为这是真的），不过现在对这个问题的生理学研究已经消除了我们许多困扰。在以往的历史时期，一个健康的母亲很容易将婴儿喂养简单地视为她与婴儿之间的事情。但同时期，也会有婴儿死于腹泻和疾病；这些婴儿的母亲不知道是某种病菌杀死了她的孩子，所以她确信问题出在她的奶水上。婴儿的疾病和死亡让母亲们对自己失去信心，使她们去寻求权威的建议。如母亲所见，身体疾病以无数种方式使问题复杂化。事实上，正是由于生理学的巨大进步让我们增加了对身体健康和身体疾病的知识，我们现在才可以回到哺乳的关键点，即哺乳影响着母婴情绪，是母婴之间的感情纽带。要顺利喂养婴儿，这根情感纽带就必须得到充分的发展。

第四章 婴儿喂养

现在的医生从生理学上对佝偻病有足够的了解以防止其发生；他们对淋球菌的危险有足够的了解，以防止婴儿出生时因淋球菌感染而失明；他们也足够了解感染了结核菌的牛奶的危险，以预防过去常见且致命的结核性脑膜炎；他们还足够了解维生素C缺乏病，现在几乎已经消灭了它。随着医生消除了身体方面的疾病和症状，对心理的关注随之提上日程，变得紧迫，心理医生需要尽可能准确地陈述每个母亲面临的心理问题。

毫无疑问，目前还不能准确地说明每个新生儿母亲面临的心理问题，但我们可以尝试一下，母亲可以纠正我所说的错误，补充那些我说得不够全面的信息。

假设有一位健康的普通母亲，她和丈夫共同营造了一个温馨和睦的家庭，并且婴儿在适当的时间以健康的状态出生，那么我们可以不假思索地说：在这种情况下，哺乳只是母婴关系的一部分，也是最重要的部分之一。这一对母婴已经准备好通过极其强大的爱的纽带连接情感，自然，他们也必须在承担巨大的情感风险之前相互了解。一旦他们足够相互了解，他们就可以立即做到，或者在纠结之后做到——相互依赖，相互理解。喂养自然而然地开始了。

换句话说，如果母婴关系已经建立，并且正在自然发展，那么就不需要喂养技术，不需要称体重和各种生理指标的检测；母子两人在一起，比任何局外人都更清楚什么是正确的。

在这种情况下，婴儿会以正确的速度摄取适量的母乳，并且知道何时停止。那样的话，宝宝的消化和排泄都不必由外人来检视。进食的整个物理过程之所以有效，是因为情感关系是自然发展的。我甚至会更进一步说，在这种情况下，母亲可以从婴儿那里了解婴儿，就像婴儿从她那里了解母亲一样。

真正的麻烦在于，当母亲同她的孩子从彼此亲密的身体和精神联结中获得强烈愉悦感时，却总是听到有人说千万不要沉迷在这样的情感当中。在这个婴儿喂养领域居然会找到现代清教徒的影子！试想，如果婴儿一出生就远离他的母亲，直到他失去找回母亲和识别母亲的感受能力（例如通过他的嗅觉）；试想，在宝宝哺乳的时候把他包起来，让他不能抓握乳房或奶瓶，结果他只能通过"是"（吸吮）或"不"（转过头或睡觉）做出反应；试想，在婴儿还没有感觉到他自己和外部世界之前就开始按时喂他……

在自然状态下（我的意思是母子两人都很健康），喂养技术、进食量和进食时间都可以留给自然。也就是说，在实践中，母亲可以让婴儿决定他有能力决定什么，因为她很容易回应婴儿的需求，提供她的照顾和充足的奶水。

我说这些话可能会被认为是不够客观严谨的，因为很少有母亲能够在搞定个人困难后，再从容悠闲地照顾婴儿；此外，毫无疑问，有些母亲会忽视自己的孩子甚至残忍地对待他们。然而，我认为，那些知道自己需要建议的母亲，让她们掌握这些基本事实即会对她有所帮助。如果这样的母亲想要和她的孩子在早期建立良好的接触，她必须在照顾孩子时清楚她的目标是什么：她的目标是照料自己的孩子，不过分依赖那些外界的建议。

我想说，自然喂养就是在婴儿想要的时候给予，当他不想要时就停止。这是基本原则。在这一点上，也只有在这一点上，婴儿才能开始向他的母亲妥协，妥协的第一步就是接受定期有规律的喂养，比如三小时一次，这对母亲来说很方便，而且还能让母亲感觉到婴儿喜欢满足自己的愿望，只要他能安排每隔三个小时定期饿一次。如果这个间隔对婴儿来说太长，他还不能适应，恢复信心最快的方法就是让母亲在孩子需要时喂食，再逐渐延长到合适的间隔时间。

也许，这看起来相当疯狂。一位接受过规律喂养教育的母亲，遵从三小时喂食规律，如果被告知要像吉卜赛人一样喂养她的孩子，她会感到不可思议。正如我所说，她会害怕自己沉浸在巨大的愉悦中，并且觉得从那天开始，远亲近邻都会因为任何可能发生在孩子身上的事情来责备她。主要的问题是，人们，特别是母亲们，很容易被生养孩子的责任压得喘不过气来，因此太容易接受规则、规矩和戒律，这些条条框框让生活即使有点无聊但不会那么冒险。

在某种程度上，医疗和护理专业正是造成这种状况的一部分缘由。我们必须迅速撤回外界在母亲和她的孩子之间放置的任何干扰。甚至"自然喂养"的说辞都有可能变得有害，需要有权威人士表示自然喂养是好的，母亲才有意识去做。

至于"训练婴儿必须尽早开始"的理论，明显是不恰当的。事实是：除非婴儿了解了自己之外的世界并接受了它，否则训练是不合适的。接受外部现实的基础，正是母亲在早期能够自然地照顾婴儿。

我并不是说我们可以忽略婴儿福利中心，这里可以处理母亲和婴儿的基本饮食、维生素、疫苗接种和清洗毛巾的所有问题。我要说的是，医生和护士的目标应该是照顾好母亲和婴儿的身体健康，确保没有什么事情可以扰乱正在微妙发展的母婴关系。

当然，如果有更多机会同照看婴儿的护士们沟通，也许我能更清晰地阐述她们所遇到的困难与失望。我已故的朋友梅雷尔·米德尔莫尔（Merell Middlemore）博士在《哺乳期夫妇》（*The Nursing Couple*）一书中写道：

> 护士们常因紧张做出粗暴的干涉行为。她跟随着哺乳期夫妇在一次次喂养中的幸运和失败，到了一定程度后，这两个人的责任变成了她的。她发现难以忍受看着母亲笨拙地努力喂养孩子，

并认为自己可以将事情纠正过来，最后被驱使着开始干涉。她自己被唤醒的母性本能并没有为这位母亲的本能提供支持，而是与之竞争。

作为母亲，如果你在第一次和婴儿接触中做得没那么完美，也不必在阅读到这里时沮丧。母婴互动过程中困难的产生有很多原因，未来可以做很多事情来弥补这些曾经的错失。但是，如果要有效支持到那些能够在最重要的事情上获得成功和正在努力的母亲，就必须冒让一部分母亲不高兴的风险，也许会很伤人。但我依旧要说：如果一位母亲是在独自尝试发展和婴儿之间的关系，那么，她正在竭尽全力为她的孩子、她自己乃至整个社会做最好的事情。

换句话说，孩子与父母、与其他孩子、最终与社会的关系的唯一真正坚实的基础，就是母亲和婴儿之间成功的早期关系。在这个关系里的喂养规律就是没有规律，母婴之间交流的规则就是没有规则，也没有"婴儿必须母乳喂养"这样的限定。说到底，在人类事务中，越复杂的事物只能从越简单的事物中发展出来。

第五章　食物都去哪儿了？

当婴儿开始感到饥饿时，某些将要掌控他们的东西开始在体内活跃起来。你开始向婴儿发出某些声音，告诉他你准备好哺乳了，他可以放心地将对食物的渴望变成一种积极的冲动。你可以看到唾液从他的小嘴里流出来，因为小婴儿不会吞咽他们的唾液——他们通过流口水，向世界展示他们对可以用嘴抓住的东西感兴趣。嗯，这只是说宝宝开始兴奋了，尤其是嘴巴。当然，他的双手也会在寻求满足感中发挥作用。因此，当你给孩子吃东西时，你是在配合孩子对食物的巨大欲望。嘴是已经准备好的。这时嘴唇非常敏感，它们有助于提供高度愉悦的口腔感觉，在婴儿期之后，他的生活中再也不会有这种感觉了。

母亲积极适应宝宝的需求，她喜欢这样做。因为爱，她会天然就擅长在她的管理中做出微妙的调整，而其他人认为这不必要，也不可能知道。无论你是用母乳还是用奶瓶喂养，婴儿的嘴都会变得非常活跃，奶水会从你的乳房或奶瓶涌入婴儿的嘴里。

人们普遍认为母乳喂养的婴儿和奶瓶喂养的婴儿之间存在着差异。母乳喂养的婴儿在乳头根部的后面用牙龈咀嚼，这对母亲来说可能是相当痛苦的，但那里的压力能将乳头中的奶水推到嘴里，然后被吞下。但用奶瓶喂养的婴儿则必须采用不同的技巧，在这种情况下，摄食的重点是吸吮，这在母乳喂养经验中可能是一个相对较小的问题。

一些使用奶瓶的婴儿需要在奶嘴上有一个相当大的孔，因为他们在学会吸吮之前，希望不用吸吮就能得到奶水；而另一些婴儿则立即就会吸吮，对于这些婴儿，如果孔太大就有可能被奶水呛到。

如果母亲使用奶瓶喂养，就必须准备好以一种比用母乳喂养更有意识的方式来调整你正在做的事情。母乳喂养的母亲会放松，她感觉到血液涌向她的乳房，乳汁就会流出来；而当她用奶瓶喂养时，她必须保持清醒的头脑，不断地把奶瓶从婴儿嘴里拿出来，让一些空气进入奶瓶，否则奶瓶中的真空度会变得很大，以至于婴儿无法得到任何乳汁。她还需要让奶水冷却到合适的温度，将奶瓶靠在她的手臂上进行测试；她的身边最好放了一罐热水，以便将奶瓶放在里面，以防婴儿的吮吸速度太慢，奶水变得太冷。

现在我们关注一下奶水被摄入的过程。可以说，婴儿在吞下乳汁之前，就对奶水有很多了解。奶水进入口腔，给口腔以清晰的感觉，并有明确的味道。这无疑是非常令人满意的。然后，它被吞下。从婴儿的角度来看，这意味着它已经消失了。在奶水消失的时间里，拳头和手指比较受婴儿欢迎，因为它们不会消失，一直可以使用。其实，被吞下的食物并没有完全丢失，它在胃里。婴儿似乎能够知道他们的胃的状态：食物仍然可以从这里返回。

你知道，婴儿的胃是一个小小的器官，形状像长在婴儿身体里的瓶子，在肋骨下从左到右摆动。它是一块有奇妙能力的复杂肌肉，如同母亲对婴儿一样；也就是说，它能适应新的条件。除非受到兴奋、恐惧或焦虑的干扰，否则它会自动做到这一点，就像母亲们自然而然地成为好母亲，除非她感到了紧张和焦虑。

第五章 食物都去哪儿了？

胃就像一个微型的好母亲。当婴儿吃东西时（如同成年人闲聊时的那种放松状态），这个我们称之为"胃"的肌肉容器可以表现得很好。这意味着它自身有一定的弹性，但始终保持着相对稳定的形状和位置。

奶水到达胃里后，会被保存在那里。现在开始了一系列的过程，我们称之为消化。胃里有液体用于消化食物，而胃的顶端则总有一些空气。这种空气对母亲和婴儿有特殊的意义。

当婴儿吞下乳汁时，胃液会增加，如果母亲和宝宝都很平静，胃壁的压力就会自我适应，松动一些，这样胃就会变大。然而，婴儿通常会有点儿兴奋，因此胃需要一点儿时间来适应。突然增加的胃部压力会让人不舒服，快速解决这个问题的一个方法就是让婴儿打嗝。因此，在喂完宝宝后，甚至在哺乳的过程中，母亲都需要留意这个问题。你会发现，宝宝在直立状态时，能更加顺利地打嗝排气而不会呛奶。这就是为什么我们经常看到母亲们把婴儿放在肩上轻轻地拍打他的背部，因为这样的拍打会刺激胃部肌肉，使婴儿更容易排出胃里的空气。

当然，经常发生的情况是，婴儿的胃很快适应了喂食，很容易接受母乳，根本不需要打嗝。但是如果母亲处于紧张状态（她有时会是这样），那么婴儿也会进入紧张状态，在这种情况下，胃需要更长的时间来适应食物的增加。如果母亲了解发生了什么，就能很容易地处理打嗝的问题。当一次喂食与另一次喂食完全不同，或者当一个婴儿与另一个婴儿在打嗝排气的问题上不同时，你就不会感到困惑了。

如果母亲不明白发生了什么事情的话，是会感到困惑的。邻居对你说："你在喂完孩子后，一定要拍一拍嗝。"在不了解事实的情况下，你无法反驳，所以只能把孩子放在你的肩膀上，大力拍打他的背部，试图把需要的"嗝"给拍出来。这样做着实有些教条。因为这样一来，你就是把自己（或邻居）的想法强加给孩子，干扰了唯一一个婴儿自然调节的好机会。

奶水进入胃里后，这个小小的肌肉容器会将母乳保存一段时间再开始消化。奶水先是变得凝固，这是自然消化过程中的第一个阶段。事实上，酸奶的制作过程就是借鉴了胃里发生的情况。因此，如果你的孩子吐出一些凝固的牛奶，不要惊慌，这是正常的。此外，婴儿也很容易因有点儿消化不良而吐奶。

当胃正在努力消化时，让宝宝安静下来，会是一个非常好的主意。在喂完奶后，你可以选择把孩子放在小床上，或者轻轻地抱着他转一圈，不需要和其他母亲的处理一模一样，因为没有两个母亲和两个婴儿是相同的。在最简单的情况下，婴儿只是躺着，似乎在专注自己的身体。这时，婴儿的身体里面会有很好的感觉，因为血液会流向活跃的部分，这使婴儿的腹部有很舒适的温暖感。

在奶水消化过程的早期阶段，干扰、分心和兴奋都容易引起婴儿不满的哭闹，或者导致呕吐，或者在食物真正被分解吸收之前就过早地流走。我想你一定明白，在你给孩子喂奶时，不让无关的人参与是多么重要。这个原则并不仅仅适用于你给孩子喂奶的时间，而是应该一直持续到食物离开胃部的时候。这就像一场庄严仪式中的重要部分，这时如果有飞机从头顶飞过，就会破坏这一过程。这个庄严仪式需要持续到食物被婴儿的身体完全吸收掉为止。

如果一切顺利的话，这个特殊的敏感时期不久就会结束，宝宝的小肚子里会传来咕咕噜噜的声音。这意味着在胃里的奶水已经完成了这个环节应该完成的分解，很自动地通过一个阀门流向我们可能称之为肠道的地方。

奶水的继续消化是一个非常复杂的过程，你不需要知道太多关于婴儿肠道内发生的事情。只需要明白经过小肠消化的奶水会逐渐被吸收到血液中，并被带到身体的各个部位。

有趣的是，奶水离开胃后不久就会有胆汁加入。胆汁是从肝脏下来的，正是因为有了胆汁，内脏才会呈现出特殊的颜色。你如果经历过卡他性黄疸，就会知道当胆汁不能从肝脏进入肠道时的感觉有多可怕。卡他性黄疸就是因为运送胆汁的小管子有炎症，发生了肿胀，于是胆汁没有进入你的肠道，而是进入了你的血液，并使你全身发黄。但是当胆汁在正确的时刻以正确的方式从肝脏进入肠道时，会使婴儿感觉良好。

如果查阅生理学书籍，你就清楚在进一步消化奶水的过程中发生的所有情况，但如果你是从一位母亲照料婴儿的角度，那么这些细节并不重要。重点是，咕噜声表明孩子在消化环节的敏感时间已经结束，食物现在真的在他的身体里面了。

从婴儿的角度来看，这个过程一定是个谜，因为生理学超出了婴儿的认知。然而，我们知道，食物以各种方式被肠道吸收，最终被分配到身体各处，并通过血液流动被带到身体组织的每个部分，以供给这些组织的生长。在一个婴儿身上，这些组织正以极快的速度生长，它们需要持续稳定的养分供应。

第六章 消化过程的终点

在上一章中，我说了奶水被吞咽、消化和吸收的过程。在婴儿的肠道里，有很多事情与母亲无关，从婴儿的角度来看，这个过程的所有环节都是一个谜。然而，在最后一个环节，即我们所说的排泄阶段，婴儿又开始参与其中，因此母亲也参与其中，如果她知道正在发生什么，她就能更好地帮助婴儿。

事实上，食物并不会被全部吸收；即使是非常好的母乳也会留下一些残留物，而且肠道也会有自己的代谢和磨损。无论如何，食物消化都会产生残留物，必须将它们处理掉。

需要被排泄的各种东西逐渐被传递到肠道的末端，传送至被称为肛门的地方。这是如何做到的呢？这个过程是通过一系列的收缩波来完成的，这些收缩波不断地沿着肠道壁向下移动。顺便说一下，你知道食物在成年人体内必须通过一个6米长的狭窄管道吗？婴儿的肠道大约为3.6米长。

一位母亲曾对我说："医生，食物'穿过了'他的身体。"在母亲看来，食物由婴儿的口中进入，随即会从另一端出来。事实并非看起来的样子。 关键是，宝宝敏感的肠道一旦接触到食物就会开始蠕动；当食物残渣被运送到肠道末端时就开始排便。通常，位于肠道最后一部分的直肠，多数时间是空的。当肠道内需要运送的食物很多，或者婴儿很兴奋，抑或肠道因感染而发炎，这种蠕动的频率会增加。逐渐地，而且只能是逐渐地，婴儿能够在一定程度上控制排便。

我想告诉你这是怎么发生的。

首先，我们可以想象直肠由于囤积了大量等待排泄的食物残渣开始充盈。可能对排便的实际刺激来自最后一次喂食所启动的消化过程。直肠早晚会被填满。当食物在直肠上端时婴儿还感觉不明显，但是当它们填满了直肠时，婴儿会明确感觉到想要排便。刚开始，我们不能期望婴儿能够控制排便。你非常清楚，在婴儿护理的早期阶段，更换和清洗尿布十分耗时费力。如果穿衣服，就必须经常更换尿布，否则婴儿的皮肤会因长时间和排泄物接触而发炎、疼痛。尤其是在婴儿排便很快，且呈液体状态时。仓促地开始训练婴儿定时排便并不能解决清洗尿布的问题。如果你继续耐心照顾婴儿一段时间，事情自然会慢慢变化。

你看，如果婴儿在最后阶段憋住了大便，它会变干；大便的水分在肠道存留时被吸收掉了。婴儿很享受大便以固体状态排泄出来的快感；事实上，这种排便带来的快感甚至能够让婴儿因为兴奋而哭泣。允许婴儿自然排便意味着什么呢？虽然你需要在他无法完全自理时提供帮助，但你在给他一切可能的机会，让他从经验中发现，积攒食物残渣、让粪便憋一会儿再排泄出去的感觉很好，也很有趣。

事实上，如果一切顺利，这会是一次令人满意的体验。婴儿在这件事上建立起的健康态度将为他将来应对任何训练做好准备。

也许有人跟你提到过，要尽早开始训练婴儿排便，哺乳之后经常给孩子把一把大小便。你要清楚，这样做只是试图省去清洗尿布的麻烦。事情远非如此简单。此时的婴儿还远没有发展到能够被接受训练的时候。如果你从不允许婴儿自己在这些事情上自由发展，就不仅会干扰他的自然进程，也错过了这其中的好处。如果你足够耐心地允许婴儿自然排便，躺在小床上的他早晚会找到一种方法让你知道他排便了；不久之后，你就会从他的某种暗示知道他将要排便。

你现在正与婴儿开始一段新的关系，他无法用普通成年人的方式与你交流，但他会找到一种非语言的方式。他似乎在说："我想我快要排便了，你感兴趣吗？"然后你（没有明确说出来）回答："是的，我来帮你。"你让他知道，你之所以关注他的排便，不是因为你害怕他会弄得一团糟，也不是因为你准备教他如何清理干净，你对他排便的关注，是母亲爱自己孩子的一种方式，这对孩子和母亲来说都非常重要。所以有时候你去得晚了一点儿也不必介怀，因为重要的是回应婴儿对母亲的呼唤，而不是保持整洁。

循着这条途径，你和婴儿的关系在一起体验自然排便中慢慢丰富起来；有时婴儿会对即将到来的大便感到害怕，觉得那是坏东西，有时他又会觉得大便很珍贵。基于母爱的天性，你很快就能区分出，何时是在帮婴儿处理坏东西，何时是在接受礼物。

还有个实用的观点值得一提。当一次满意的排便完成后，母亲可能会认为一切都结束了，然后把婴儿重新裹好，接着去做自己的事情。但婴儿可能会表现出新的不适，或者可能几乎立即又弄脏干净的尿布。极有可能是因为刚刚被排空的直肠，立即又被一堆紧随其后的食物残渣填满了。如果你可以耐心地等一会儿，婴儿就能在下一阵肠道收缩时将余下的粪便排出来。这种情况经常发生。

第六章 消化过程的终点

你耐心地让宝宝的直肠排空，这样可以使直肠保持敏感，下次填满也是几个小时之后，婴儿就能再一次以自然的方式完成整个过程。而那些一直匆匆忙忙的母亲总会在直肠里留下一些东西给孩子。这些东西要么被再次排泄，毫无必要地再次弄脏尿布，要么被留在直肠里，肠道因此变得不那么敏感，某种程度上影响了下一次的排便体验。

母亲在日常照料中保持一种不紧不慢的节奏，会为宝宝奠定一种基础，使婴儿体验到排泄功能的秩序。如果你急于求成，不能让孩子有全面的体验，那么孩子一开始就会混乱不堪。而清晰平稳的节奏会让婴儿慢慢地跟上母亲，逐渐放弃一部分便意一来就立刻排泄的快感。他这样做，不是简单地顺应母亲的愿望，尽可能少地制造混乱，而是等待你的出现，以便把这个动作与你愿意照顾他的兴趣联系在一起。再过一阵子，婴儿对自己的排便控制自如，他在想要支配你时排便，在想取悦你时暂时憋一会儿以等到合适的时机。

很多婴儿从未有机会在排便这件重要事情中体验到自己的内在世界。我认识一位从来没有让自己孩子自然排便的母亲。她认为直肠中留存的粪便会毒害婴儿。这当然不是真的，憋上几天大便并不会伤害到婴儿或是小孩子。这位母亲总是用肥皂棒和灌肠剂来干扰每个婴儿的直肠，让他们排便，结果是混乱不堪。可以想见，她不大有可能养育出爱母亲的快乐孩子。

排尿，也是基于同样的一般原则。

婴儿喝的水经吸收进入血液，多余的水由肾脏过滤后与溶于其中的废弃物一同传递到膀胱。直到膀胱开始充盈，婴儿才会有所觉察，接着一种将要排尿的冲动出现了。最开始，这过程或多或少是自然发生的，但婴儿逐渐发现，忍耐一下是有回报的：憋一会儿再排尿是件很好玩的事情。这发展中的小小狂欢，丰富了婴儿的生活，使生命有了期待，身体也有了价值。

随着时间的推移，母亲可以利用孩子的这种发现，通过一些信号判断可能要发生的事，或者借由你对照料他的兴趣进一步丰富婴儿的经验。当婴儿乐意等待一段不太长的时间，你们都会沉浸在彼此充满爱的关系里。

你看，母亲照料婴儿排泄物如同哺乳一样重要。当母亲认为婴儿每一个细节上的需求都值得探寻，来自身体的兴奋体验才能够成为她和孩子两人之间爱的关系的一部分。

当这种情况持续发生一段时间，所谓的训练就可以不费吹灰之力了，因为母亲已经可以向婴儿提出不超出其能力的要求。

上述这些再次说明：健康的基础是由普通母亲在日常照料自己孩子时奠定的。

第七章 母亲喂养婴儿的特写

我已经提到过，也许从一开始婴儿就很欣赏母亲的活力。很快，婴儿就从母亲照顾他时的愉悦情绪里知道：所有这些事情背后，有一个真实的人存在。但是，最终使婴儿感受到母亲是真人的，也许是她能够设身处地理解婴儿的特殊能力，母亲也通过这种能力了解了婴儿的感受。任何教科书都无法取代母亲对婴儿需求的感知能力，当她感受到婴儿需求时，这种能力使她做出几乎是精准的适应和调整。

我将通过观察、比较两个婴儿的喂养情况来说明这一点。

其中一个婴儿由母亲在家母乳喂养，另一个在条件不错的福利院喂养，那里的护士工作忙碌，没有时间为婴儿提供个别照顾。

我们先谈谈在福利院里的婴儿。看到这篇文章的护士和那些需要照顾许多婴儿的工作人员，请务必原谅我用你们工作中最坏而不是最好的事情举例子。

福利院的婴儿很难在喂食的时间期待发生点儿什么。他现在对奶瓶和人都还不大了解，但开始准备相信可能会出现令人满意的东西。护士将婴儿从小床上托起一点儿，用枕头垫着奶瓶，靠近他的嘴巴。她把奶嘴放进婴儿的嘴里，等待片刻，就去照顾其他哭闹的婴儿了。

起初，事情可能进行得相当顺利，因为饥饿的婴儿被刺激着吮吸奶嘴，奶水来了，感觉很好；但那东西一直在那里，黏在嘴里，让婴儿难以呼吸，这个好东西就变成了对生存的巨大威胁。婴儿哭闹或挣扎，然后奶嘴就会掉出来，这让他得以喘口气。但没多久，婴儿还想继续吃奶，而奶瓶却没有来，只好又开始哭起来。过了一会儿，护士回来了，又把奶瓶放进婴儿的嘴里。但这个在我们成人眼中看起来和以前一样的奶瓶，对婴儿来说却发生了变化：现在的奶瓶似乎成了一个坏东西，它已经变得很危险。

这个过程日复一日地发生着。

我们再来看看由母亲照顾的婴儿是什么情况。

我时常为一位母亲娴熟细致地照顾婴儿吃奶的从容而惊讶、感动。她安排了一个舒适的环境，待一切妥当之后开始给婴儿喂奶。这个环境的设置本身就是人类关系的一部分。即便是很小的婴儿，用乳房哺乳的母亲都会让他的小手自由活动，以便婴儿可以感受到乳房皮肤的触感、温度，甚至测量出自己和乳房之间的距离。这么一个小小的，嘴巴、双手、眼睛可以到达的范围，是婴儿放置这个客体的小小世界。

母乳哺乳时，婴儿的脸会碰到乳房。开始时，婴儿并不知道乳房就是母亲的一部分。他不知道当脸挨到乳房时，那种舒服的感受是来自乳房还是自己的脸。事实上，婴儿也会把玩自己的脸，把脸当成乳房抓挠。母亲有充足的理由允许婴儿有各种各样的探索。毫无疑问，婴儿在这些方面的感觉是非常敏锐的，因此，我们可以肯定，这些感受也是十分重要的。

婴儿首先需要我所描述的这些安静的经历，需要感觉到被爱环抱着，也就是说，以一种生机勃勃的方式，但没有因焦虑而产生的小题大做和过度紧张。在这样的环境里，母亲的乳头和婴儿的嘴迟早会有某种接触。至于是如何接触的，这不重要；重要的是母亲身处其中，

第七章　母亲喂养婴儿的特写

是环境的一部分。她喜欢这种亲密的关系，不会对婴儿的自然行为有任何先入为主的预设。

婴儿在嘴巴和乳头接触时，会冒出来一些念头——也许在嘴巴外面有一些东西值得去探索一番。于是他开始流口水；有时候口水多到令婴儿不断吞咽，几乎不需要吃奶。渐渐地，母亲让婴儿在想象中建立起她所提供的东西，而婴儿开始含住乳头，用牙龈咬住乳头根部开始吸吮。

而当婴儿的牙龈在停顿时放开了乳头，转过头去停止吮吸时，关于乳房的印象也会渐渐消失。

你知道最后这一点有多重要吗？

婴儿有了一个念头（期待），带着乳头的乳房就来了，并进行了触碰；然后这个想法停止了，婴儿转身（头）离开，乳头也消失了。这是我们现在描述的，由母亲照料的婴儿与放在繁忙的福利机构中的婴儿最重要的不同经历。

母亲如何处理婴儿的转身离开？她不会把乳头硬塞回孩子嘴里，重新喂奶。母亲能理解婴儿的感受，因为她是鲜活的、有感受力的人。她会等上几分钟或更短的时间，婴儿再次转向她的乳头，于是新的接触就在适当的时候发生了。这样的情形循环往复，婴儿就不仅是从一个装有奶水的容器里喝奶，而是同一个"个人所有物"（乳房）发生了关联；或者说，是一个活生生的人（母亲）心甘情愿地将自己的东西（乳房）暂借给一个知道如何使用它的人（婴儿）。

母亲能够细致地适应婴儿的行为变化，正是因为她是一个活生生的人，婴儿也会在不久后感激这个事实。

第二个例子中，母亲允许婴儿转过头去不吃奶，这一点需要特别强调。母亲在婴儿不再需要乳头或暂时不相信乳头时，将它从婴儿口中拿走，这使她成了一位真正的母亲。

在开始时，这是一个非常微妙的操作，母亲不可能总是成功，有时婴儿会通过拒绝食物、把头转开或睡觉的方式来显示他建立个人主权的需要。这会令一个渴望奉献乳汁的母亲失望。有时，她无法忍受涨奶的痛苦（除非有人教她挤出乳汁，这样她就能等得更久一些，直到婴儿转向她）。然而，如果母亲们知道婴儿从乳房或奶瓶移开是有价值的，她们也许能处理好这些困难。她们会把婴儿的移动或是睡意当成他们需要特殊照顾的迹象。

这意味着恰当的喂养环境中务必一切完备。母亲必须是舒适的，婴儿必须是舒适的，哺乳的时间需要十分充裕。婴儿的手臂能够自由活动，且有足够开放的区域让他能够自由感受母亲的皮肤，甚至有的婴儿被赤裸裸地放在母亲裸露的身体上。如果设置的环境出现了困难，试图强行喂食绝不是一个好主意。遇到困难，只有让婴儿自己找到乳房，才有希望建立正确的喂养经验。

这一切对婴儿未来的生活有着深远影响。

借此话题，我想谈谈婴儿刚刚出生后母亲的处境。

她才经历了一次艰难、焦虑的分娩过程，需要有一个具备丰富产后护理经验的人来提供娴熟、专业的帮助。这时，她有足够的理由依赖身边的重要女性，并对她们的意见特别敏感，无论是医院的护士、助产士、还是她自己的母亲或婆婆。这是极其为难的困境。她在怀孕的九个月里做好了充足的准备，迎来了这一时刻，即如我述，她才是最清楚该如何让婴儿接受哺乳的人。但如果周围的人各抒己见，她便很难从各种意见中明确目标，可能要到她自己有了两三个孩子之后才有自己明确的育儿经验。

第七章　母亲喂养婴儿的特写

当然，最理想的状态是母亲与周围人（产科护士、助产士、母亲、婆婆等）之间意见相同，关系融洽。

如果周围的关系愉悦轻松，母亲就有机会以自己的方式处理与婴儿的第一次接触。婴儿大部分时间都在她身边睡觉，她可以一直往床边的摇篮里看，以确定她得到的，真的是一个可爱的人类婴儿。她渐渐习惯了自己孩子的哭声。如果她对哭声感到困扰，护士就会在她睡觉时暂时把孩子带走，随即再送回来。然后，当她感觉到婴儿开始想要食物，或者想要与她的身体进行接触时，她就会在其他照料者的帮助下把婴儿抱到怀里，给他哺乳。在这种经验的过程中，婴儿的脸、嘴、手和她的乳房之间开始了美妙的接触。

总有一些处在困惑中的母亲，没有人跟她解释育儿这件事情。她的婴儿和其他孩子一起被抱去另一个房间里，只有在哺乳的时候才抱回来和母亲待在一起。那个房间里总是有婴儿的哭声，所以母亲一直听不出来哪个声音才是自己孩子的哭声。到了哺乳时间，婴儿被紧紧地裹在毛巾里交给母亲。母亲看着这个奇奇怪怪的婴儿开始喂养"它"（我特意用了"它"），但她无法感觉到有个小生命在使用她的乳房，婴儿也没有机会探索乳房，形成印象。听说还会有一些所谓的助手，急躁地把婴儿推向乳房让他赶紧吸奶。可能不少人有过这种可怕的经历。

如果母亲们以"育儿经验让她们成长为一个真正的母亲"这样的角度看待做母亲这件事情，会更好一些。如果她们反过来，认为自己必须努力学习书本知识，从一开始就要做完美母亲，那可就走错路了。长远来看，我们需要的是在探索中相信自己的母亲和父亲，一起组建最好的家庭，为孩子们的成长、发展提供一个健康的环境。

第八章　母乳喂养

上一章，我以个人视角讨论了母乳喂养，而本章则更多地从技术上讨论这个主题。我们需要先从母亲的角度思考需要讨论的内容，医生和护士才能搞清楚母亲们可能遇到或问到的问题。

有人在儿童医生的讨论中说，我们并不知道母乳喂养的特殊价值是什么，也不知道在选择断奶时间时应该遵循什么原则。显然，生理学和心理学在回答这些问题时都有属于自己的见解，也有发表意见的一席之地。我们得拜托儿科医生研究身体发展的复杂过程，继而尝试从心理学的角度进行评论。

尽管有关母乳喂养的心理学原理极其复杂，但我们对它的了解已经足以明确一些清晰而有用的东西。不过必须先解决一个复杂的问题——这些已经明确的信息不一定能被所有人接受，即使它是真实的。

一个成年人甚至一个孩子都不可能确切地知道作为一个婴儿的感觉是什么。尽管每个人心中无疑都以某种方式储存着婴儿期感觉，但却不容易重新显示。存在严重精神疾病的人在某些症状的痛苦程度上，与婴儿所感觉到的强度相近似，病人对恐惧或悲伤的极度关注也与婴儿对事物的关注程度相似。当我们直接观察一个婴儿时，我们很难将自己看到和听到的东西转化为感觉；我们的想象也很可能是错误的想象，因为我们把属于后期发展的各种想法带到了这种情境里。照顾宝宝的母亲最接近于对婴儿感受的真正理解，因为她们有一种特殊的能力，与她们特别照顾的婴儿相认同。几个月后她们就会失去这种能力，而在母亲们忘记这个阶段的重要部分之前，很少与人交流她们所知道的情况。

人类刚刚开始"认识自己"的伟大探索。即便是擅长本职工作的医生和护士，也很难比其他人更了解婴儿的感受。有人说，在人类关系中，没有什么力量比母乳喂养期间，婴儿和母亲（或乳房）之间的兴奋感更强大有力。我不指望这句话会被轻易相信；不过，在考虑母乳喂养与奶瓶喂养这样一个问题时，至少需要考虑到这种可能性。

在一般的动力心理学中，特别是在婴儿早期的心理学中，真理的真实性不可能被完全和立即感受到，这是事实。在其他科学中，如果某个东西被发现是真实的，通常可以在没有情感压力的情况下被接受，但在心理学中，总是有这种压力的问题，因此，不完全真实的东西往往比事实本身更容易被接受。

基于这个初步结论，我想再次申明，婴儿与母亲的关系在母乳喂养的狂欢中格外强烈、富有张力。这种关系很复杂，因为它必须包括期待的兴奋、哺乳时的活动体验、满足感，以及在满足后，本能地从紧张中慢慢安静下来休息。成年后性活动的感受可以与婴儿时期母乳喂养的感受相媲美，成年人在经历性活动时确实会唤起婴儿时期乳房哺乳的体验。事实上，性体验的模式往往来自婴儿早期本能生活的特征和特质。

然而，本能的瞬间体验并不是婴儿生活的全部。婴儿与母亲的关系，在狂喜的喂养阶段到兴奋高潮的排泄阶段之间，还有其他各种各样的内容。

在早期情感发展中，婴儿有一个巨大的任务，那就是把与母亲的两种关系结合起来：一种关系是唤醒本能，另一种关系是母亲作为婴儿的外部环境，要为婴儿提供安全、温暖，保护他避免意外伤害。

没有什么能像兴奋时的良好体验那样，清晰而令人满意地确立婴儿对母亲作为"一个完整的人"的概念。当婴儿逐渐认识到母亲是一个完整的人，便开始想办法给母亲提供一些东西作为回报。

当婴儿发现自己暂时没有能力报偿母亲所有的恩惠而感到担忧时，他也开始成为一个完整的人。这是内疚感的起源点，也是婴儿在所爱的母亲不在时感到悲伤的能力的起源点。

如果一位母亲既能和婴儿建立令人满意的母乳喂养关系，同时在一段稳定的时间内足够投入同婴儿融为一体，直至她和婴儿都可以被认为是完整的人，这段母婴关系无疑就是双重成功。经过这个阶段，婴儿的情感发展就朝着健康的方向走了很远，并最终形成了自己独立存在于人类世界的基础。

许多母亲认为，她们确实在最初的几天内与婴儿建立了联系，当然，几周后婴儿可能会被期望以微笑给予认可。所有这些东西都是基于在母亲照顾方面的良好经验，以及在给予本能满足方面的成就；在开始时，这些成就可能因为糟糕的哺乳、其他有关本能经验的困境，或者因为环境的变化超出婴儿的理解能力而丧失。

早期母婴关系的建立及维持的质量，对儿童未来的发展具有非常大的价值。

毫无疑问，由于某种原因不能提供母乳的母亲，也能够通过奶瓶喂养建立这种关系。不过总的来说，母乳喂养的母亲似乎能够在喂养过程中找到更丰富的经验，这有助于母婴之间关系的早期建立。如果仅仅是满足婴儿的饥饿本能，那么母乳喂养不比奶瓶喂养更有优势。然而，母亲的整个状态与心境才是最重要的。

此外，在研究母乳喂养的特殊价值时，还有一个极其重要的事情：人类婴儿是有情感与思维的。生理上的每种功能都会在心理上产生相对应的影响，并得到阐述。甚至在哺乳的最开始阶段，婴儿就有属于自己的兴奋和喂养体验的幻想。小婴儿的这种幻想，比如说，开始是对乳房的无情攻击，随着婴儿能够觉察到乳房是母亲的一部分，这种攻击最终就会变成对母亲的无情攻击。

在原始的爱欲冲动中，婴儿有一种非常强烈的攻击性，这就是觅食（吃奶）冲动。在稍后的幻想中，母亲受到了无情的攻击，尽管客观上我们观察到的攻击力量很小，但不能忽视婴儿破坏欲望的强烈程度。令人满意的哺乳完成了小婴儿身体上的狂欢，也满足了他的幻想体验；然而，一旦婴儿开始将这两种体验联系在一起，并发现被攻击和被吸空的乳房是同一部分，就会对自己的攻击性产生相当程度的担忧。这也意味着婴儿开始参与到母婴关系中来了。

被母乳喂养一千次的婴儿，显然与被奶瓶喂过同样次数的婴儿处于非常不同的状态；在第一种情况下，母亲的幸存比在第二种情况下更像是一个奇迹。我并不是说用奶瓶喂养的母亲没有办法应对这种情况。毫无疑问，她也可以和婴儿嬉闹，被婴儿抚弄，如果一切顺利，婴儿几乎感觉就像在母乳喂养一样。

尽管如此，还是有区别的。在精神分析中，通过收集成人成熟性体验的所有早期根源，分析师得到了很好的证据，证明在令人满意的母乳喂养中，从母亲身体的一部分取食的事实提供了涉及本能的所有类型体验的"蓝图"。

常常有婴儿没能接受母乳喂养。除了极少数因为先天能力不足的原因，更多的情况是因为某些因素干扰了母亲适应婴儿需求的能力。

对母乳喂养指手画脚乱提建议简直是灾难。经常有一些吃母乳困难的婴儿在开始用奶瓶喂养后，喂食就变得简单起来，客观上奶瓶起到了缓解的作用。这就如同一些婴儿被抱在怀里，而另一些婴儿则从躺在小床上得到照料相仿，因为抱持婴儿的丰富体验被母亲的焦虑或她的抑郁所破坏，这就不可避免地扭曲了"抱"的过程，于是需要改用另一种方式。

我们观察到，婴儿从焦虑或抑郁的母亲那里断奶时会表现出宽慰。根据这一点，研究这个问题的学者可以理解母亲在履行母性职能时，其积极能力所带来的巨大重要性。哺乳成功对母亲很重要，有时对她比对婴儿更重要，但对婴儿也肯定很重要。

这里有必要补充一点：母乳喂养的成功并不意味着所有的问题都就此解决了。母乳喂养成功，意味着开始了更加强烈和丰富的人际关系体验，随之而来的，是婴儿有更多机会产生症状。这些症状表明，母亲与婴儿将要一起面对属于生活的真正重要的困难，也意味着人际关系的基本原型——母婴关系——正在得到满足。

当母乳喂养出现困难，不得不以奶瓶喂养代替时，看起来往往各方面困难都有所缓和，而从管理的角度，医生可能觉得，全面缓和显然是好事，但这是从"不健康"和"健康"的病理角度得出的结论。而照顾婴儿的人必须能够从人格上的贫乏与丰盈层面来思考，这是另一回事。

就母乳喂养的婴儿而言，他们很快就会发展出使用某些物体作为乳房象征的能力，这些物体因此也是母亲的象征。在既兴奋又安静的状态下，婴儿会与拳头、手指、一块布或毛绒玩具建立类似母亲的关系。婴儿的感觉目标的转移是一个非常渐进的过程，只有当乳房的概念通过实际经验融入孩子内在时，才会有一个物体代表乳房。

起初，人们认为奶瓶可以作为乳房替代品，但这只有在婴儿有乳房经历之后，将奶瓶作为替代品引入时才有意义。如果在最初几周内，奶瓶就代替乳房成为独立的东西，那么在某种程度上，它通常是婴儿和母亲之间的障碍，而不是联系。总的来说，奶瓶不是很好的乳房替代品。

审视"断奶"这一主题很有意思，因为它受到母乳和奶瓶替代喂养两个方案的影响。从根本上说，这两种情况下的断奶过程必须相同。在婴儿的成长阶段，有一个丢东西的游戏。当母亲感觉婴儿发育到了需要断奶的时候，断奶对他的成长有意义，这时，无论是使用乳房还是奶瓶，所有条件都为断奶做好了准备。

然而，在某种程度上，没有婴儿准备好了要断奶，尽管现实生活中的确有一部分婴儿是自己断奶的，但可以这么说：断奶总是伴随一些愤怒，而在这里，乳房和奶瓶明显不同。

就母乳喂养的孩子而言，对于断奶，婴儿和母亲必须协商一个时期，在这个时期里，婴儿会对乳房产生愤怒，并且产生攻击的念头，与其说是出于欲望，不如说是出于愤怒。对于婴儿和母亲来说，母乳喂养的断奶过程所获得的体验，会比奶瓶喂养的断奶过程获得的体验更为丰富。断奶中的一个重要的事实就是：母亲能承受断奶，能活下来，部分原因是婴儿保护了她，部分原因是她自己保护了自己。

对于某些需要被收养的孩子，存在一个非常重要的实际问题：让婴儿吃一会儿母乳好还是完全不吃好？我认为这个问题没有固定答案。

以目前的研究水平来看，在孩子已经预备被领养的情况下，我们不确定是否该建议婴儿的母亲用母乳喂养她的婴儿，还是用奶瓶喂养。一些人认为，如果有机会，母亲应该进行母乳喂养，哪怕只能哺乳一段时间，那也比把孩子直接交出去被领养会更好；但如果经过一段时期的母乳喂养之后，母亲可能会因为与婴儿分开而感到格外痛苦。这是一个非常复杂的问题，因为对于一位母亲来说，这种痛苦是非常真实的。每个案例都必须根据自己的情况进行处理，并适当考虑母亲的感受。

对于婴儿来说，成功的母乳喂养和顺利断奶似乎为收养提供了良好的基础，但一个起步如此良好的孩子被收养的情况相对较少。更常见的是，被领养的孩子从生命的开始得到的照料就是混乱的，以至于那些收养的人发现自己照顾的婴儿已经有了复杂的早期病史，他们常常因此而感到不安。

有一点是肯定的：这些事情确实非常重要，想忽略婴儿最初几天或几周的喂养历史或者日常的照料经历，这几乎是不可能的。任何事情，在它水到渠成、自然发生时都很容易，但如果经过几周甚至几个月的混乱后，想让它重新将前面的历程再来一遍，那几乎是不可能的。

如果一个孩子长大后需要接受长期的心理治疗，他如果最初与乳房有一些接触或联结，那么对他的治疗效果会有很好的帮助，因为这种经历给丰富的关系打下了基础，而在治疗中，孩子可能重新获得这种关系。

然而，大多数孩子并不会接受心理治疗，接受长期的心理治疗就更少了。因此，在安排收养时，最好还是满足于一个较差的开端，采用可靠的奶瓶喂养技术，这样，母亲本人的参与程度较低，使婴儿更容易感到有一致的管理，也更容易接受有不同的人参与喂养的事实，因为至少奶瓶喂养方式会保持不变。对婴儿来说，一开始就必须有可靠的东西，否则他或她就没有希望在心理健康的道路上顺利起步。

必须承认，这个领域仍然有大量的工作需要探究，新的认知需要更丰富的资料，它们应当来自对所有类型（正常的、神经质的和精神病的）、所有年龄段的儿童以及成人长期持续的精神分析。

综上所述，我们就能明白，为什么不要轻易使用替代母乳的喂养方式。在一些国家和文化中，奶瓶喂养是惯例，而这一事实必然影响到社区的文化模式。母乳喂养才能提供最丰富的体验，从母亲的角度来看，如果进展顺利，这是更令人满意的方法。从婴儿的角度来看，母亲和她的乳房在母乳喂养后的存活，比奶瓶和用奶瓶喂养他的母亲的存活要重要得多。

母乳喂养的丰富性必然产生不确定性，母亲和婴儿很可能会在母乳喂养中出现一些难题，但这不应该被视为反对母乳喂养的理由，因为婴儿护理的目的不仅仅是避免生病，不仅仅限于健康本身，而是应该为尽可能丰富的体验提供条件，在长远的未来增加个体性格和人格的深度与价值。

第九章　婴儿为什么哭？

我们想到了一些显而易见的事情：母亲希望了解自己的宝宝和宝宝的需求。就像需要母亲的乳汁和温暖一样，婴儿也需要母亲的爱和理解。如果母亲了解自己的孩子，就能在他需要帮助的时候给予帮助。没有人能够像母亲那样了解孩子，所以除了你，没有人能够成为帮助他的最合适人选。现在我们考虑一下：当宝宝开始哭泣时，就是他特别需要帮助的时刻。

如你所知，大多数婴儿都会经常哭闹，而母亲总是必须做出决定：是让他继续哭闹，还是安抚他、喂他吃奶、请父亲帮忙，或是向其他有育儿经验的妇女求助。你可能希望我能直接告诉你该怎么做，但如果我这样做了，你会说："这太蠢了！婴儿哭闹有各种不同的原因，你不能在确定原因之前就告诉我要怎么做。"正因如此，所以我先试着和你一起梳理清楚宝宝哭泣的原因。

我们将要讨论婴儿的四种哭泣：满足、痛苦、愤怒、悲伤。每个母亲都自然而然地知道这些普通而浅显的事情，尽管她通常不会去想如何用语言来表达她所知道的。

我能说的不外乎是：哭泣要么让婴儿感觉到他在锻炼自己的肺部（满足），要么就是痛苦的信号（痛苦），要么就是愤怒的表达（愤怒），要么就是悲伤的歌曲（悲伤）。如果你愿意接受这个设定，下面我就继续我的解释。

也许你会好奇,我为什么要首先谈论因满足带来的喜极而泣。因为任何人都更愿意相信,只要婴儿在哭,就一定是他在某种程度忍受痛苦。所以我认为,因为满足的哭泣需要首先讲一讲。

我们必须认识到,哭泣里也有快乐的成分,就像婴儿行使身体的其他功能时感到快乐一样。婴儿从足够的哭泣里获得满足;反之,没有哭够的婴儿是不满足的。

一位母亲会告诉我:"我的孩子很少哭,除了在哺乳之前。当然,他每天四点到五点之间会哭上一个小时,但我认为他喜欢这样。他并没有真正陷入困境,我让他知道我在这里,但不会特别尝试去安抚他。"

你可能曾听到有人说,不要在婴儿哭的时候抱他。我们稍后会讨论这个问题。还有一些人说,永远不应该让婴儿哭。这些人可能还会告诉母亲:不要让婴儿把拳头放进嘴里,不要让婴儿吸吮手指、使用安抚奶嘴,不要让婴儿在认真的哺乳结束后在乳房上玩耍……他们不知道婴儿有(而且必须有)自己的方式来处理自己的麻烦。

总之,很少哭的婴儿并不一定就是状态更好。而且,就我个人而言,如果我必须在两种极端状态中做出选择,我会把赌注压在爱哭的婴儿身上,因为他已经充分了解了自己大哭大闹的能力,只要养育者不任由他们哭闹而陷入绝望。

从婴儿的角度来看,身体的任何活动都是好的。呼吸本身对新生儿来说是一项新的成就,可能相当有趣,直到它被认为是理所当然;而尖叫和大叫以及各种形式的哭闹肯定会让他感觉兴奋。

我们需要认识到这一点,即:哭的价值,也就是说,在婴儿陷入困境时，"哭"是如何发挥其重要作用，让婴儿产生自我安慰的效果的。婴儿哭是因为他们感到焦虑或不安全，哭是有效的缓解方式，对他们帮助很大，这就是"哭"的好处。这种状态在婴儿学会说话之前会一直延续，要再过一段时间，婴儿才开始学说话，到幼儿期，他就会咿咿呀呀说个不停。

你知道婴儿是如何使用他的拳头或手指的吗？他是如何把它推到自己的嘴里，从而努力忍受挫折的吗？而尖叫就像另一个拳头，从身体里冒出来，而且没有人可以干涉。你可以把宝宝的手从他的嘴边拿开，但你不能把他的哭声摁在肚子里。

你不能完全阻止你的宝宝哭泣，我希望你不要因此而太难过。如果你的邻居无法忍受这种噪声，你就太不幸了，因为这样，你就必须采取措施阻止孩子的哭声，这与研究宝宝哭泣的原因、阻止那些无益或可能有害的哭泣是两回事。

医生说，刚出生的婴儿的哭声是健康和力量的标志。好吧，哭是健康和力量的标志，是体育锻炼的早期形式，是一种身体功能的展现，这种哭泣令人满意，甚至是愉悦的，但它远不止于此。

那么，哭的其他含义还有些什么呢？

成年人识别痛苦的哭声一般不会有什么困难。婴儿用这种自然的方式让你知道他遇到了困难，需要你的帮助。

当婴儿感到疼痛时，他会发出尖锐或刺耳的声音，并表明问题出在哪里。例如，如果有绞痛，他就把腿抬起来；如果是耳痛，他就把手伸向耳朵；如果是强光让他难受，他就会把头扭过去。但是他不知道如何应对巨大的声响。

没人会质疑，痛苦的哭泣本身对婴儿来说并不愉快，因为它唤醒了周围人对此做点儿什么的冲动。

第九章　婴儿为什么哭？

有一种痛苦被称为饥饿。是的，我认为饥饿对婴儿来说似乎是一种痛苦。饥饿感对婴儿的伤害是很容易被成年人遗忘和忽略的，因为成年人很少会有饥饿的痛苦。今天的英国，很少有人知道饥饿的痛苦是什么。即使是在战时，我们也为确保食物供应做了一切努力。我们会去想我们要吃什么，但我们很少想自己是否要吃。如果没有自己喜欢的东西，我们就放弃它，不再想要它，而不会忍受着得不到的痛苦继续奢望。

但婴儿经常非常清楚地感受到饥饿的痛苦和折磨。母亲喜欢她们的婴儿健康而贪吃，当他听到声音、看到景象、闻到气味时就会兴奋起来，因为这表明食物要来了；而这种兴奋本质上是一种紧张，也会让婴儿感到痛苦，并通过哭闹来表达。如果随这种痛苦而来的是满意的哺乳，这种痛苦就会很快被遗忘。

我们经常听到婴儿痛苦的哭声。迟早我们会注意到，在饥饿之外，还有一种新的痛苦的哭声，即不安的哭声。我认为这意味着婴儿正在了解一些事情。他已经知道，在某些情况下，他需要逃离不舒服的感觉。

当你开始给他脱衣服时，他知道他将被带离舒适温暖的环境，他知道他的位置将被这样那样地改变，所有的安全感都将随之丧失。所以在你解开他的上衣扣子时，他哭了。他把"脱衣服"和"不舒服"两件事联系在一起，虽然他的小脑袋还不能清晰描述它们，但他有过经验，一件事让他想起另一件事。诸如此类。随着时间的推移和年龄的增长，这一切变得越来越复杂。

你知道，婴儿有时也会因为身体被弄脏而哭闹。这可能意味着婴儿不喜欢被弄脏（当然，如果他弄脏的时间足够长，他的皮肤就会变得粗糙并对他形成伤害），但不意味这种哭是因为讨厌被弄脏——实际上，这意味着他已经学会提前害怕了。因为经验告诉他，接下来的几分钟，他周身所有安心的保障都会失效：他将被换一个位置、解开衣服、失去原本的温热。他害怕这些,所以提前哭了。

恐惧或害怕的哭声来自疼痛或不舒服,这就是为什么每次哭声听起来都是一样的,因为婴儿在预期记忆中的疼痛会再次出现。婴儿经历过任何痛苦的强烈感觉后,当发生任何可能使他再次产生这些感觉的事情时,他就可能因恐惧而哭泣。他会很快开始产生一些念头,其中有些东西令他恐惧。在这里,如果他哭了,就是有什么东西在提醒婴儿感受痛苦,尽管那东西是想象的。

如果你刚刚开始思考这些事情,你可能会觉得,我把这一切变得相当困难和复杂,但事实的确如此。接下来的内容你就能很快明白了。婴儿哭泣的第三个原因是:愤怒。

我们都知道发脾气是什么感觉,当怒气冲昏头脑,我们甚至暂时无法控制自己。婴儿也知道难以遏制的愤怒是怎么回事。无论你如何努力,都会让他失望,他还是会愤怒地哭。

这里,我可以安慰一下母亲:愤怒的哭声意味着他对你存有信念。他希望自己可以改变你。一个失去信念的婴儿不会生气,他只是不再坚持想要,否则他就会以一种悲惨的、幻灭的方式哭泣,或者开始用头撞枕头、撞墙或撞地板,或者利用他的身体做各种事情。

对一个婴儿来说,充分宣泄他的愤怒是一件健康的事情。你知道,他生气的时候肯定不会让人觉得柔弱无害。你知道这时的他看起来像什么:他尖叫、踢腿;如果他足够大的话,会站起来摇晃小床的栏杆;他会咬人、抓人,可能还会吐口水、喷食物,把场面弄得一团糟。如果他真的下定决心,还可以屏住呼吸直至脸色发青,发脾气。在那几分钟里,他真的打算毁掉每个人和所有东西,他甚至不介意在这个过程中毁掉自己。

自然,母亲会尽自己所能让孩子摆脱这种愤怒状态。然而,如果一个婴儿在愤怒的哭泣中感觉自己破坏了所有人和所有东西，而他周围的人却保持平静，没有受到伤害，这种体验会大大促进他的成长，使他察觉到，他以为真实的东西不一定是真实的，幻想和事实都很重要，但彼此不同。不过，作为母亲，你完全没有必要试图让他生气，原因很简单，无论你喜欢与否，事实上都有很多机会让婴儿生气。

生活中有些成年人总是害怕发脾气，他们担心发了脾气之后会有可怕的后果，这与在婴儿时期是否经历过淋漓尽致的愤怒有关。由于某些原因，比如，当时母亲很害怕，母亲原本可以通过平静的安抚向婴儿传递信心，但她们却把事情弄糟了，仿佛愤怒的婴儿真的很危险，虽然母亲预想中可怕的后果从未出现过。

可以表达愤怒的婴儿是一个个性十足的人。他知道他想要什么，他知道如何得到它，而且他拒绝放弃希望。起初，他几乎不知道他拥有武器，不知道自己的叫喊哭闹有那么大的杀伤力，也不知道他的混乱会带来麻烦。但在几个月的时间里，他开始感觉到危险，感觉到他有能力伤害人，感觉到他偶尔想伤害人；迟早有一天，他从自己的痛苦经历中，知道别人也会遭受痛苦和疲惫。

如果你能从观察婴儿中获得乐趣，你就会发现：他知道他能伤害你，也会发现一些他想要伤害你的迹象。

现在我想谈一谈哭泣原因清单上的第四项——悲伤。

我知道我不需要向你描述悲伤，就像我不需要向没有色盲的人描述颜色一样。然而，对我来说，仅仅轻描淡写地提一下"悲伤"这个名词，然后就把它放到一边，这是不够的。原因有很多。其中一个原因是，婴儿的感受非常直接和强烈。

我们这些成年人虽然也重视婴儿时期的这些强烈感受，并喜欢在特定的时间重新捕捉、感受它们，但我们早就学会了如何保护自己，如何远离无法忍受的感受（就像婴儿时期那样的感受）的摆布。如果我们失去了自己深爱的人，无法避免痛苦与悲伤，我们就会安下心来过一段哀悼的日子，这也是我们的朋友所理解和容忍的。而且一般说来，我们迟早都会恢复。

我们不会像婴儿那样，在白天或夜晚的任何时候都对急剧的悲伤敞开心门。事实上，许多人对痛苦的悲伤进行了很好的自我保护，以至于不能像他们预想的那样认真对待这种情绪；他们不能感受到自己想感受的深层情感，因为他们如此害怕真相。他们发现自己无法在爱一个特定的人或事物时承担风险；为了分散风险，他们可能失去很多，当然他们也实现了远离悲伤的目的。

如果人们喜欢一部让他们流泪的悲伤电影，这至少说明他们还没有失去对艺术的感受能力。但这并不妨碍他们中的一部分在实际生活中对悲伤有着很强的防御。当我谈到悲伤是婴儿哭泣的原因时，我必须提醒你，你很难记住属于你自己婴儿时期的悲伤，因此你也难以通过直接的共情来感受你的宝宝的悲伤。

即使是婴儿，也能对痛苦的悲伤形成强大的防御能力。但我试图向你们描述婴儿的悲伤哭声，这种哭声确实存在，而且你们肯定听到过。我希望能够帮助你们了解悲伤哭声出现的时机及其意义和价值，以便你们在听到这种哭声时能够知道该怎么做。

可以确信，当你的宝宝表现出因悲伤而哭泣时，他在情感发展上已经走了很长的路；然而，正如我在谈到愤怒时所说的那样，如果你试图引起他的哭泣，你将一无所获。你将无法帮助他悲伤，就像你无法帮助他愤怒一样。但是在这里，愤怒和悲伤是有区别的：愤怒或多或少是对挫折的直接反应，而悲伤则意味着婴儿头脑中另一些相当复杂的事情，我试着描述一下这些事情。

悲伤的哭声，往往让人想起音乐的旋律。有人认为，悲伤是最有价值的音乐创作源泉之一。通过悲伤的哭声，婴儿在某种程度上可以自娱自乐。当他在等待睡眠到来时，他很容易发展和尝试各种哭声的音调，以平息他的悲伤。再大一点儿，我们可能会听到他悲伤地哼唧，用唱歌一样的哭声入睡。另外，如你所知，悲伤的哭泣会伴随眼泪，但是愤怒则不一定。悲伤哭泣时，泪水会流到鼻子里，防止眼睛和鼻子干涩。所以眼泪往往带来健康，无论是身体上还是心理上。

我举个例子来解释"悲伤"这种情绪的价值。以一个十八个月大的小女孩为例，因为让人们相信这个年龄段发生的事情，比相信同样的事情在更早的婴儿期（更隐蔽地）发生要容易得多。

这个小女孩在四个月大时被收养，在收养前有过不幸的经历，因此特别依赖她的母亲。因为她无法像那些幸运的婴儿一样在头脑中建立起"身边有好母亲"的观念；因此，她紧紧抓住养母，而养母对她的照顾非常出色。

孩子如此地需要养母，以至于母亲知道她绝不能离开这个孩子。孩子七个月大的时候，她曾经把孩子交给一个很用心的人照顾半天，但结果几乎是灾难性的。现在，孩子十八个月大，母亲终于决定给自己放一个假，她向孩子做了详细的说明，并把孩子交给一个熟悉的人照顾。

在母亲离开的两星期里，孩子大部分时间都在试探母亲卧室的门把手，她急切地想玩耍，而且没有真正接受母亲不在身边的事实。她太害怕了，以至于无法悲伤。我想人们会说，对孩子来说，世界静止了两个星期。

当母亲终于回来时，孩子等了一会儿，以确定自己所看到的是真实的母亲，然后她用胳膊搂着母亲的脖子，沉浸在抽泣和深深的悲伤中，好一会儿才恢复常态。

在母亲回来之前，从局外人的角度来看，悲伤是存在的。但从小女孩的角度看，没有悲伤，直到看到母亲，她才知道她可以在母亲那里悲伤，把她的泪水滴在母亲的脖子上。为什么会这样呢？我想，是因为这个小女孩不得不应对一些让她非常害怕的事情：当母亲离开她的时候，她对母亲的憎恨。

我选择这个例子，是因为它让我们很容易看到：这个孩子依赖她的养母（她很难在其他人身上找到相同的母性），会觉得恨她的母亲是多么危险。所以她一直等到她的母亲回来。

但是当母亲回来时，她做了什么？如果她走到母亲面前，咬了母亲，或者如果你们中的一些人有过这样的经历，我一点也不奇怪。但是这个孩子没有，而是用胳膊搂着她母亲的脖子，抽泣起来。

母亲对此的理解是什么呢？如果她能用语言表达出来，她可能会说：

"我是你唯一的好母亲。你很害怕，因为你发现你讨厌我离开。你很抱歉你恨我。不仅如此，你觉得我离开是因为你做了什么坏事，或者因为你对我提出了非分的要求，或者因为在我走之前你就讨厌我；所以你觉得你是我离开的原因——你觉得我永远离开了。

"直到我回来了，你搂着我的脖子，你才承认，即使我和你在一起时，你也会有想把我赶走的念头。由于你的悲伤，你赢得了把你的手臂放在我脖子上的权利，因为你表示，当我离开时伤害了你，你觉得是你的错。事实上，你感到内疚，仿佛你是世界上所有坏事的原因，而实际上你只是我离开的一小部分原因。宝宝是个麻烦，但母亲希望宝宝们就是这样，也喜欢宝宝们就是这样。你特别依赖我，所以也特别容易使我疲惫不堪；但我选择了收养你，我从来没有因为照顾你的疲劳而感到怨恨……"

第九章 婴儿为什么哭？

她可能会说这些话，但是，谢天谢地，她没有；事实上，这些想法从未进入她的脑海。她忙着搂住她的小女儿。

为什么我说了这么多关于小女孩哭泣的事情？我相信没有两个人会以同样的方式来描述孩子悲伤时的情况，我敢说，我说的一些话并不完全正确，但也不全是错的。我希望通过我所说的，能够向你表明：悲伤的哭泣是非常复杂的事情，这件事情意味着你的婴儿已经获得了他在这个世界上的地位。他不再是一个漂浮在波浪上的软木。他不再只是对环境做出反应，而是开始对环境负责。问题是，他一开始会觉得，自己需要对发生在自己身上和生活中的所有事情完全负责。然后，渐渐地，他才能学会，从对所有事情负责的状态中整理出属于自己的责任。

现在，让我们把悲伤的哭声与其他类型的哭声进行比较。

你可以看到，从婴儿出生后，任何时候都可能出现因疼痛和饥饿而产生的哭声。愤怒是在婴儿能够把两样东西关联在一起时出现的；而恐惧则大多来源于预期的痛苦，意味着婴儿已经有了自己的判断；悲伤所表达的则远远比这些尖锐的感觉更复杂；如果母亲理解了悲伤背后有怎样的价值，她们就能避免错过婴儿成长中非常重要的东西。人们很容易在孩子说"谢谢你"和"我很抱歉"时感到高兴，但这种表达的早期版本其实已经包含在婴儿悲伤的哭声中，它比用语言表达感激和忏悔的方式更具价值。

你会注意到，在我对那个悲伤的十八个月的小女孩的描述中，她在母亲脖子上的悲伤是完全合理的。婴儿在与母亲的关系令人满意的情况下，几乎不可能会生气。如果他要赖在母亲的腿上，那是因为他害怕离开母亲，虽然母亲可能会希望他离开。

但是悲伤的婴儿更可能被抱在怀里，因为他对伤害他的事情负责,他就有权利与人保持更良好的关系。事实上,一个悲伤的婴儿可能需要身体的抚触和更典型的爱的表达方式。然而,他不需要被人摇晃和搔痒,以及其他的、用来转移他的悲伤情绪的方式。比如,他正处于哀伤的状态,需要一定的时间来恢复。他只需要知道你继续爱着他就可以了。甚至有时,最好的选择就是让他自己躺着哭一会儿。

请记住,在婴儿期或儿童期,没有比让孩子真正地自发平复悲伤和内疚更好的方式了。这是非常正确的,有时你会发现你的孩子很调皮,会制造机会让自己感到内疚和哭泣,然后感到被原谅——他是如此渴望反复体验从悲伤中自主恢复的经历。

现在,我已经描述了各种类型的哭泣。还有非常多的东西可以讲。但我认为,试图将一种哭声与另一种哭声区分开来,可能对父母有所帮助。在这里,我没有描述婴儿无望和绝望的哭声,如果婴儿心中没有希望,他的哭声就会崩溃。但我想,在你的家里,你可能从来没有机会听到这种哭声,如果你听到了,那么情况就已经超出了你能努力的范围,你需要另外的帮助。

正如我反复说明的那样,父母在照料自己婴儿方面,比其他人要好得多。而在福利院里,我们就可能会承受着婴儿无望和崩溃的哭泣,因为那里没有办法为每个婴儿提供一个母亲。我提及它,只是为完整地阐述婴儿哭泣的不同情况。

作为父母,当然愿意全心全意地照顾自己的婴儿,这意味着他是幸运的;除非发生什么事情打乱了你们生活的正常规律,否则宝宝就能直奔主题,让你知道他什么时候对你生气,什么时候爱你,什么时候想摆脱你,什么时候焦虑或害怕,什么时候只是希望你理解他正在经历悲伤。

第十章　婴儿的小世界

听哲学讨论时，你会听到人们在"什么是真实"和"什么是不真实"的问题上大谈特谈。一个人说，真实是指我们都能触摸、看到和听到的东西；而另一个人说，只有感受上的真实才是最重要的，比如噩梦，或者对那个插队的人的讨厌。这些复杂的东西对照顾婴儿的母亲来说有什么意义呢？我希望在这里能够解释一下。

母亲面对的，是一个发展中的、不断变化的情况：婴儿一开始不了解这个世界，而当母亲们完成工作时，婴儿已经成长为了解这个世界的人，并找到了生活于其中的途径，甚至对世界的行为方式形成影响。这是多么巨大的成长啊！

但你会认识一些人，他们在与真实的事物建立关系时有困难，他们不觉得它们是真实的。任何人都有过一些梦，感觉比现实更真实的梦，但对你我来说，真实的事情毕竟有其客观性。而对有些人来说，他们认定的想象世界比我们所说的现实世界真实得多，以至于他们根本无法在这个客观世界好好生活。

现在让我问一个问题：为什么普通的健康人能同时将现实世界、想象及个人的感受做到统合一致？你和我是怎么变成这样的呢？

成为这样的人，有很大的好处。这样的人可以用自己的想象使世界更加精彩，同时能基于现实世界来发挥想象力。我们生来就是这样的吗？好吧，我要说的是，我们并非天生如此。我们需要从一开始母亲能耐心地把世界一点一点介绍给我们。

现在，如果我们是两三岁或四岁的孩子，在"如何看待世界"这个问题上，我们会说些什么？对幼儿来说，每一种感觉都是非常强烈的，而成年人只有在特殊的时刻才能达到这种属于幼年时期的极度欢愉。任何让我们有这种感觉而不使我们感到害怕的东西都是受欢迎的：对有些人来说，是音乐或一幅画让他到达那里；对有些人来说则是一场足球比赛；还有些人是为舞蹈，或是女王开车经过时看了他一眼。那些脚踏实地的人是幸福的，但他们仍有能力享受强烈的感觉，即使只是在梦中或记忆中。

而对小孩子来说——对婴儿来说更是如此——生活就是一连串极度强烈的体验。你一定注意过孩子玩游戏的情形：当你需要打断游戏时，如果你提前发出警告，孩子将能够在游戏达到某种程度时结束，从而容忍你的干扰。叔叔给你的小男孩带来一个玩具，在我们看来，它只是现实世界的一个小玩意，然而如果它在正确的时间、由正确的人以正确的方式给予，它对孩子就有了特殊的意义，而我们应该能够理解和允许孩子看到它时的激动与欣喜。或者，我们会因此回忆起自己童年的一个小玩具，以及它当时对我们的意义。或许它还待在壁炉架上，但现在看起来是多么的简陋啊！

两三岁或四岁的孩子同时生活在两个世界中：成年人与孩子共同生活的世界，孩子自身的想象世界。这两个世界是合而为一的。因此，当我们与那个年龄的孩子打交道时，我们不必坚持自己对世界感知的正确性。如果一个小女孩想飞，我们不能仅仅说"小朋友没法飞"；相反，我们要把她抱起来，举过我们的头顶，或者把她放在柜子顶上，让她觉得自己像鸟儿一样飞到了自己的窝里。

很快孩子就会发现，飞行不能用魔法来完成。也许在梦中，神奇的空中飘浮或者一步千里的长脚靴在某种程度上被保留下来，一些童话故事，如《七里靴》或《魔毯》，就是大人对这个主题的贡献。到十岁左右，孩子会热衷于练习跳远和跳高，试图比别人跳得更远更高。这就是三岁时的飞行梦想所留存的余迹。

保护孩子梦想的关键，是我们不要把现实压在小孩子身上，即使到五六岁的时候也不必把它压在身上，因为如果孩子的成长顺利的话，到了这个年龄，孩子自然会对这个被大人称为"现实世界"的东西开始产生兴趣，并愿意接受科学的观点。人的成长，需要接受这个真实世界的供给，然而这并不意味着，要以丧失个人内心的想象世界为代价。对小孩来说，内心世界无论是存在于心里，还是存在于身外，都是合理的。因此，当我们和孩子玩游戏或者参与孩子的想象体验时，我们要进入孩子的想象世界。

有一个三岁的小男孩。他整天很快乐地自己玩或和其他孩子一起玩，他能像成年人一样规规矩矩坐在餐桌旁，也能像猫一样无所不至地玩耍。在白天，他越来越能了解我们所说的"真实事物"和我们所说的"儿童想象力"之间的区别。但在夜里会有一点儿不一样。睡觉的时候人会做梦，有时他突然醒来，发出刺耳的叫声，母亲跳下床，走进他的房间打开灯，把孩子抱起来。孩子高兴吗？恰恰相反，他尖叫着说："走开，你这个女巫！我要母亲。我想要我的母亲。"

这时，他的梦想世界已经扩展到我们所说的现实世界。母亲等待了二十分钟，什么也做不了，因为对孩子来说，此刻她是个女巫。然而突然，孩子用胳膊搂着她的脖子，紧紧地抱着她，就像她刚刚出现一样，还来不及告诉她扫帚的事情，他就睡着了，这时他的母亲就能把他放回小床，再回到她自己的床上。

一个七岁的小女孩，是个很乖的孩子。她告诉母亲，在她的新学校，所有的孩子都对她有意见，女老师很可怕，总是把她挑出来当众批评。怎么办？母亲当然会去学校，和老师谈谈。

我并不是说所有的老师都是完美的；但是可能小女孩的母亲发现，这个老师其实不坏，是一个相当直率的人，并没有特别对待小女孩，而且事实上，老师也很苦恼：这个小女孩似乎总是在找自己的麻烦。

好吧，小孩子是这样的。他们尚未确切知道世界是什么样子的。必须允许他们有所谓的妄想。如果和老师的关系出现了问题，也许你请老师喝杯茶，就能解决整个问题。但很快，你就会发现孩子走向了另一个极端：对老师产生了非常强烈的依恋，甚至把她当作偶像，害怕其他孩子夺去了老师的爱。当然，随着时间的推移，整个事情会慢慢平静下来。

换成幼儿园里或更小一些的孩子，我们就更难从我们对某个老师的了解而推测出幼儿是否会喜欢这个老师。即使你可能了解这个老师，可能对她没有什么看法，也可能认为她没有什么吸引力，她甚至还会因为母亲生病之类的私人事务而侵占工作时间，但幼儿还是可能倾向依赖她，并对她倾心。因为她稳定地在那里，而且是善良的。她可能很容易成为幼儿的幸福和成长所需要的人。

但这一切都来自先前存在于母亲和婴儿之间的关系。这里的情况有点儿特殊：母亲正在与她的小宝贝分享世界的一个特殊部分，她先要保证这个部分足够小，以便孩子不感到困惑，但同时，这个部分又能逐渐扩大，以便满足孩子日益增长的探索世界的需要。这是母亲工作中最重要的部分之一，母亲做得很自然。

如果我们更仔细地研究这个问题，就会发现母亲所做的两件事在这里是有益的：一件事是她费尽心思地避免让婴儿过于困惑，例如，在断奶时把孩子交给别人照顾，或者在出麻疹的时候违反正常的饮食习惯，喂孩子吃固体食物，等等；另一件事是她能够区分事实和幻想。

后面这一点，值得再细致讨论一下。

当那个三岁的小男孩在夜里醒来，称他的母亲为女巫时，她很清楚自己不是女巫，所以她很笃定地等待他回到自己身边。第二天，她的小男孩问她："母亲，真的有女巫吗？"她很轻松地说："没有。"

当你的小男孩对你用最好的材料精心制作的牛奶布丁侧目而视，并做出一副"它有毒"的表情时，你并不会生气，因为你很清楚，布丁是没问题的。你也知道，仅仅在这一刻，他觉得它有毒。如果你是这样镇定自若的态度，那你就找到了解决困难的方法，而且很可能在几分钟内，他就津津有味地吃起布丁来。但是如果你对这些情况没有把握，你就会大惊小怪，并试图把布丁强行塞进孩子的嘴里，以此证明它是好东西。

当一个母亲在各种方面，对什么是真实的、什么是不真实的十分清楚时，就会帮助到孩子，因为孩子只是逐渐了解到真实世界并不是想象的那样，而且想象世界与真实世界两者都需要对方时，他才能将它们逐渐合而为一。

你的宝宝喜欢的第一个物体——一个小毯子或一个柔软的玩具，对婴儿来说，这个小物件几乎就是自我的一部分。如果它被拿走或洗掉，结果就是灾难。当婴儿开始能够扔掉这些东西和其他东西时（当然，他也期待着它们被捡起和还原到开始的地方），你就该知道，你被婴儿允许可以离开和还原的时刻就快到了。

现在，我们回到生命的起点。如果从一开始就顺利的话，后来的这些事情就很容易了。

再来看一下早期的喂养过程。你是否还记得，我描述过这样一种方式：当婴儿构思和期待一些东西时，母亲就提供她的乳房（或奶瓶），然后当婴儿离开乳房的时候就让它消失，因为需要它的想法从婴儿的头脑中消失了。你知道，在向婴儿介绍世界这件事情上，母亲这样做，为什么算是开了个好头吗？在九个月的时间里，母亲大约喂了一千次奶。而且，她以同样微妙的、精准适应宝宝需要的方式，做了所有其他事情。对于幸运的婴儿来说，世界一开始，就是以这样一种美妙的方式与他的想象结合起来，因此世界被交织在想象的纹理中，婴儿的内在就可以被外部世界的感知所充实、滋养。

现在让我们再看看最初那些谈论"真实"的人。

如果其中一个人的母亲在他还是婴儿的时候，以正常的良好方式向他介绍了这个世界，就像你向自己的婴儿介绍这个世界一样，那么他将能够确信：真实意味着两个层次，也就是说，他将能够同时感受到内在与外在两种真实。

另一个人的母亲却在孩子的婴儿期把一切都搞得一团糟，那么对于这个人来说，这个世界就只有一种真实：要么是这一种真实，要么是另一种。这也就意味着，对这个不幸的人来说，要么世界就只在外面，是每个人都共有的，大家相同的"真实"，要么，所有的东西都是想象的，存在于个人的脑海中，彼此无法沟通。

当然，我们可以不理会这两个人的争论。

可以说，世界的样子很大程度上取决于母亲向婴儿和成长中的孩子展示的方式。普通的母亲能够从生命的开始阶段就一点一点地向孩子介绍这个世界，并坚持完成这一惊人的事业。这并不是因为她很聪明——像哲学家那样聪明，而是因为她深爱自己的孩子，愿意为他付出一切努力。

第十一章　把婴儿当作一个人

我一直在想，从哪里开始把婴儿描述为人。

当食物进入婴儿体内时，它被消化，其中一些被分配到身体各处，用于组织生长，这很容易理解：有些被储存为能量，有些则以某种方式被排出体外。这是从身体角度看待婴儿。但是，我们知道，婴儿的想象与喂养体验、身体感受是互为基础、彼此影响的。如果我们从情感体验的角度来观察婴儿，我认为你也可以得到相当多的东西，母亲因为爱宝宝而做的所有事情，对于婴儿来说都像食物一样。宝宝从这一切中获得滋养。不仅如此，宝宝对于你，也会像对待食物一样：有利用你的阶段，然后放弃你。

也许我可以通过让婴儿假装长大一点儿来更好地解释我的意思。

一个十个月大的男婴坐在他母亲的膝盖上，母亲正在和我说话。他很活泼，很清醒，自然对事物感兴趣。为了避免场面混乱，我在桌子边放了一个"有吸引力"的东西。母亲和我一边交谈一边观察婴儿。可以肯定，如果他是一个正常的婴儿，他会注意到这个有吸引力的东西（让我们称它为勺子），并且伸手去拿它。

而实际的情况则是：孩子可能一伸手想去拿，但是他突然又被犹豫所征服，就好像他想："我最好把这件事想清楚。我想知道母亲在这个问题上会是什么想法。在我知道之前，我最好忍耐一下。"于是

第十一章 把婴儿当作一个人

他就会转身离开勺子，仿佛它没有让他心动。

然而过了一会儿，他又会恢复对它的兴趣，他试探性地把手指放在勺子上。他可能会抓住它，同时看着母亲，看看能从她的眼睛里得到什么暗示。在这一点上，我要尽可能地告诉母亲该怎么做，否则她会过于主动地提供帮助，或者阻碍过于明显——这要视情况而定。我的建议是：她在发生的事情中扮演尽可能被忽略的角色，尽可能小地影响孩子。

小男婴逐渐从母亲的眼神中发现，他所做的这件新事情并没有被反对，于是他坚定地抓住了勺子，开始把它变成自己的东西。然而，他仍然非常紧张，因为他不确定：如果他用这个东西做他非常想做的事情会发生什么。他甚至不知道他想做的是什么。

我们猜测，一小段时间之后，他将发现他想用它来做什么，因为他的嘴开始兴奋起来了。他仍然非常安静，若有所思，但唾液开始从他的嘴里流出来。他的舌头看起来很黏糊。他的嘴开始想要勺子。他的牙龈开始想享受咬它。没过多久，他就把它放到了嘴里。然后他对它产生了正常的攻击性感觉，这种感觉类似于狮子和老虎，以及婴儿——当他们得到好东西的时候，就像要把它吃掉一样。

现在，婴儿已经把这件事当成了自己的事。他已经失去了属于专注、好奇和怀疑的所有静止状态。相反，他很有信心，并因新获得的东西而变得非常充实。我想说的是，在想象中他已经吃了它。就像食物被摄入并被消化，成为他的一部分一样，这个以想象的方式被纳入他所属的东西现在是他自己的一部分，可以被他使用。

他将如何使用它呢？

你一定知道答案：因为这是每个有孩子的家庭都会反复发生的事情。小男婴将把勺子放到母亲的嘴里喂她，他想让母亲假装吃掉它。

要注意，他并不想让她真的咬勺子，如果她真的让它进入嘴里，宝宝会感到相当害怕。这是个游戏，是对想象力的一种锻炼。他在玩，并邀请别人一起玩。

他还会做什么呢？他会喂我，他可能想让我也玩玩吃勺子的游戏。他还可能向房间另一边的人的嘴做个手势，让每个人都分享这个好东西。他已经拥有了勺子，为什么不让每个人都拥有呢？他有了自己可以慷慨使用的东西。现在他把它放在母亲的上衣里，也就是她的乳房那里，然后重新发现它，再把它拿出来。现在，他把它塞到吸墨垫下面，对丢失它又找到它的游戏乐此不疲。接着他注意到桌子上的一个碗，开始从碗里舀出想象中的食物，象征性地喝他的肉汤。

这一系列的体验是很丰富的。它对应着身体中神秘的消化过程，从食物被吞下而消失，到以排泄物的形式被重新发现的过程。我可以举出很多例子，描述不同的婴儿如何通过这种游戏表现出他们想象的丰富性。

现在孩子把勺子弄掉了。我想，他的兴趣开始转移到别的东西上了。我把勺子捡了起来，他可以再次拿到。是的，他似乎又想要它。他又开始了新的一轮游戏，像以前一样使用勺子，把它当作自己可以驾驭的一部分。

哦，勺子又掉了。显然，这次掉下去不是偶然。也许他喜欢勺子掉在地上时的声音。我们可以测试一下。我再把勺子递给他。他接过来就故意地把它丢掉——丢掉它就是他想做的事。我再一次把勺子还给他，而他几乎又把它扔掉了。他现在正在寻找其他的兴趣，勺子拿在手里的使用价值已经用完了，表演已经走到了尽头。

在这个过程中，我们看着宝宝对某样东西产生兴趣，并让它成为自己的一部分，我们看着宝宝使用它，用它完成他想做的事情。这种事情在家里一直在进行，但在这次特殊的环境下，这个过程中的顺序

第十一章 把婴儿当作一个人

更加明显，这让宝宝有时间直接经历一种完整的体验。

通过观察这个小男孩，我们学到了什么呢？

首先，我们见证了一个完整的经历。由于环境的控制，发生的事情可以有一个开始、一个中间和一个结束。让事情完整发生，这对婴儿来说是很有利的。如果人们急于求成地要一个结果，或去干扰，不能允许事情自然地完整发生，你的孩子就会比较可怜。所以，当父母照顾孩子的时候，应该允许这些事情发生。完整发生的事情，使婴儿能够把握住时间。最初，他们并不知道什么时候会开始，什么时候会结束。

你是否看到，只有在有明确的开始和结束的情况下，事物的中间部分才能被享受（或者体验不好，则被容忍）？

通过让宝宝有充裕的时间进行全面体验，并参与其中，你会逐渐为孩子最终能够享受各种体验打下坚实的基础，而不会出现断裂和跳跃性。

我们可以从对拿勺子的婴儿的观察中看到另一件事。我们可以看到，在一项新的冒险开始时，孩子是如何出现怀疑和犹豫的。我们看着孩子伸出手来，触摸和感觉勺子，在第一个简单的反应之后，他暂时撤回了兴趣。然后，通过小心翼翼地试探母亲的感受，他允许兴趣回归。然而，在他真正把勺子拿到嘴边并啃咬它之前，他一直处于紧张和不确定的状态。

一开始，你的宝宝就已经准备好咨询你——如果新情况出现时你在他身边。所以你要清楚地知道，什么东西可以让孩子接触，什么东西不可以。最简单也是最好的方法就是：避免在宝宝的活动范围内摆放他不能拿和不能吃的东西。你看，孩子正试图了解你的决定所依据的原则，以便最终能够预知你允许什么，反对什么。

当孩子再长大一点儿，语言可以提供帮助，你会说"太尖""太热"或以其他方式表示对身体的危险；又比如你的订婚戒指，在你洗衣服的时候需要取下来，但是为了宝宝着想，你最好不要把戒指放在他拿得到的地方。

在宝宝判断一个东西是否能触碰而陷入困境的时候，你知道如何帮助孩子吗？要做到这一点，需要你自己清楚地知道你禁止什么，以及为什么要禁止；并且在现场作为一个预防者而不是一个治疗者或干扰者。另外，你要有意识地提供一些婴儿喜欢的东西，让他们去把玩和啃咬。

还有一件事，我们可以从技能方面谈谈我们所看到的：婴儿是何时学习伸手、寻找和抓取，并把一个物体放到嘴里。当一个六个月的婴儿表演这个完整过程时，我很惊讶。另一方面，十四个月大的孩子的兴趣太多，我们不能指望能像在十个月大的孩子身上那样清楚地看到这个过程。

但我认为，在观察婴儿时，我们能学到的最好的东西就是这个。通过所发生的事情，我们看到这不仅仅是一个身体，而是一个人。

记录各种技能发展的年龄是很有趣的，但这里面除了技能之外还有更多的东西，这就是游戏。通过游戏，婴儿表明他已经在自己身上形成了一些可以被称为游戏素材的东西，一个充满想象和活力的内心世界，这就是游戏所表达的。

谁能说明白婴儿的这种想象生活的开始有多早？它丰富了身体的经验，也被身体的经验所丰富。在三个月时，婴儿可能想把手指放在母亲的乳房上，玩弄喂养母亲的游戏，同时在乳房上吃奶。那么更早的几周呢？谁知道呢？一个小婴儿可能想吸吮拳头或四处移动，同时从乳房或瓶子里吃东西（也可以说是吃蛋糕），这表明有些东西不仅仅是用来满足饥饿的。

但这些内容，我是为谁写的呢？母亲们其实未必需要这些。她们从一开始就不难在自己的婴儿身上看到"人"的影子。不过还是会有人告诉你说，在六个月大之前，婴儿除了生理系统和本能反射之外什么都不是。不要被这些话误导，好吗？

享受"发现你的宝宝是什么样的人"的过程，因为宝宝需要你这样做。所以你要准备好等待，不急、不躁，等待宝宝充分地、自由地玩耍。最重要的是，这表明在婴儿身上存在着"人"的内在精神生活。如果它在你身上遇到了相匹配的游戏性，婴儿的内在丰富性就会绽放出来，一起玩耍就会成为你们两人之间最美好的部分。

第十二章　断奶

你现在已经很了解我了，不会指望我准确地告诉你如何和何时断奶。好的方法不止一种，你可以从你的健康顾问或诊所获得建议。我想做的是，以一般过程（而不是个别案例）的方式谈论断奶，以帮助你了解你在做什么，无论你用什么方式。

事实上，大部分母亲断奶都挺容易的。为什么呢？

主要原因是，之前的哺乳过程本身进展顺利。宝宝曾经真实、确定拥有过一些东西，现在才能放弃它们。我们不能要求他们放弃不曾真正拥有过的东西。

我清楚地记得，当我还是一个小男孩时，有一次，我被允许吃尽可能多的覆盆子和奶油。那是一次美妙的经历。现在我可以享受对那一次经历的回忆，而不是享受吃覆盆子。也许你记得类似这样的事情？

同样的道理，断奶的基础是良好的喂养经验。一般说来，在过去的九个月里，婴儿已经吃了一千多次母乳，这给了他们很多美好的回忆，或者说是美好梦想的素材。但重点不是一千次的数量，而是婴儿和母亲在一起的方式。母亲对婴儿需求的敏感适应（正如我经常说的那样），让婴儿开始形成"世界是个好地方"的想法。世界去迎接婴儿，所以婴儿也可以出去迎接世界。母亲在开始时与婴儿的合作，自然会换来婴儿对母亲的配合。

如果你像我一样相信，婴儿从一开始就有自己的想法，那么喂食往往是相当可怕的：它扰乱了你安稳的睡眠或清醒时平静的沉思。婴儿本能的需求猛烈又可怕，出现时就像被饿狼附体一样。饥饿对婴儿来说就是对生存的威胁，你如果赞同婴儿从一开始就有自己的想法，你就只能无条件地配合他，适应他。

但到九个月的时候，婴儿已经习惯了这种事情，即使这些本能的冲动依旧，婴儿也知道自己能坚持下来了。他甚至可能承认，这些冲动是作为人活着的意义的一部分。

当我们看到婴儿成长为一个人时，我们也可以看到母亲是如何在安静的背景下被逐渐显现出来，如何被逐渐视为一个人，被视为有吸引力的东西，被承认她出现的价值。那么，在饥饿的时候，感觉自己在无情地攻击这位母亲，对婴儿来说，这是多么可怕的事情啊！难怪婴儿经常失去食欲。难怪有些婴儿不允许把乳房还给母亲，而是把美丽的母亲视为整体，与作为兴奋攻击对象的东西（乳房）分开。

有些成年人发现，当他们对伴侣感到兴奋、产生欲望时，往往很难放开自己全力以赴，这就造成了许多困扰，并导致不成功的婚姻。这件事的根源就可以追溯到生命早期与乳房的关系。成长得以健康进行的基础，就是被平凡的好母亲正常养育的婴儿期，这个平凡的好母亲不害怕她的婴儿的想法，并且喜欢她的婴儿全力以赴。

在这里，也许你会明白，为什么母亲用乳房喂养婴儿，比用奶瓶喂养确实是一种更丰富的体验。所有的喂养都可以用奶瓶，而且一旦开始用奶瓶，就最好是继续用奶瓶，这对婴儿来说可能更容易，因为它不那么刺激。但是，如果婴儿的哺乳期是母乳全程喂养，并成功终止（断奶顺利），这个过程就是为婴儿的未来生活打下了良好基础。它提供了丰富的梦想，并使人能够承担风险。

可是，所有美好的事情都必须结束，结束成全了事物的美好。

在上一章中，我描述了一个抓着勺子的婴儿。他抓着它，嘴里念念有词，他喜欢拿着它玩，然后把它丢掉了。所以，结束的想法也是来自婴儿。

很明显，七到九个月的婴儿就开始玩扔东西的游戏了。这对婴儿是一个非常重要的游戏，也着实令成人恼火，因为必须一直有人把扔下的东西拿回来。甚至从商店出来走在大街上时，你就发现婴儿把婴儿车里的东西扔了一地：一只泰迪熊，两只手套，一个枕头，三个土豆，还有一块肥皂。你会发现需要有人把所有的东西都捡起来，因为婴儿显然希望这样。

到了九个月，大多数婴儿都很清楚，有要摆脱的东西了。他们具备了摆脱事物的能力，甚至可能自己断奶。

断奶的过程，其实是利用婴儿正在发展的摆脱事物的能力，让失去乳房不仅仅是简单的偶然事件。

但我们必须研究一下，为什么婴儿要断奶，为什么不一直这样喂养下去呢？好吧，我必须说，永远不断奶会让人感伤。这在某种程度上是不真实的。断奶的愿望必须来自母亲。她必须有足够的勇气来忍受婴儿的愤怒和伴随着愤怒而来的可怕想法，并且只是做一些完善的喂养工作。毫无疑问，被成功喂养的婴儿很乐意在适当的时候断奶，尤其是在这个过程中，婴儿的经验领域得到了极大的扩展。

自然，当断奶的时机到来时，母亲已经开始为婴儿添加辅食了。你会拿一些硬的东西给婴儿咀嚼，例如面包干之类的。你会用肉汤或其他东西代替母乳喂养。婴儿对任何新鲜事物都有可能拒绝，但你发现，只需耐心等待，反复向他介绍新食物，婴儿就有可能在下一次接受这些，以此来回报你。通常不需要突然从全母乳喂养转变为完全不

第十二章 断奶

喂养。当（由于疾病或其他不好的状况）不得不突然改变时，你要做好遭遇困难的准备。

如果母亲知道断奶的反应很复杂，一定会避免在断奶时把孩子交给别人照顾。如果在你从一个家搬到另一个家，或者在你去和亲戚住一起的时候给孩子断奶，那婴儿就太可怜了。断奶是一种经验，需要你为孩子提供一个稳定的环境，孩子才能成长。如果你不能做到这一点，那么断奶可能是日后某种困难的根源。

另一件事，你可能发现了：白天时孩子可以断掉奶水并茁壮成长，但晚上的最后一顿必须是乳房喂养。你看，你的宝宝正在长大，但他的步伐并不是一直向前，他有时也会退回来一点点。你开心地发现，孩子大部分时候表现出了同年龄相符的成熟度，甚至偶尔像个小大人。但时不时地，他又回到只是一个小婴儿的状态。而你要去迎接这些变化。

你的大男孩穿戴整齐，正在指挥大家勇敢地与敌人作战，但是他站起来的时候头撞在桌子上了，于是，突然地，他又变成了一个婴儿，他跑过来，把头放在你的腿上，啜泣着。你期待着这一点，你接受你十二个月的婴儿有时只有六个月大。这都是你熟练工作的一部分：知道你的孩子在任何一个时刻是多大年龄。

因此，你可能会在白天断奶后在晚上继续哺乳。但你迟早要完全断奶。如果你确定了要这么做，对孩子来说断奶会容易得多；如果你犹豫不决，孩子也会为难，断奶就变得困难了。

现在让我们来看看，你会对自己如此勇敢地断奶产生什么反应。可能正如我所说的，婴儿会自己断奶，所以你没有注意到任何问题，包括孩子有些胃口欠佳。

很多时候,如果断奶是在稳定的环境下逐步进行的,并不会出现特别的麻烦。婴儿显然喜欢这种新体验。但我希望你理解:如果断奶后出现反应,甚至是严重的反应,这也是正常的。

一个一直表现良好的婴儿可能会对断奶有强烈反应,对食物失去欲望,或者痛苦地拒绝食物,通过烦躁和哭闹来显示对哺乳的渴望。在这个阶段强行给孩子喂食是有害的。目前,从他的角度来看,一切都变坏了,你无法绕过这个问题。你只能等待,为逐渐恢复喂养做好准备。

有时,宝宝可能从睡梦中尖叫着醒来。你只是帮助他醒来。事情可能很顺利,但哭声中出现了新的变化,也许变化了一个音符,这使你注意到孩子的悲伤。这种悲伤并不一定是坏事。不要以为悲伤的婴儿需要被上上下下地摇晃,直到他们微笑。他们有值得悲伤的事情,你只需要安心等待,悲伤就会结束。

有些婴儿在断奶的时候会很伤心,也很愤怒,因为世界发生了变化,破坏了原本美好的东西。在婴儿的梦中,乳房的形象不再是好的,它们已经被憎恨,所以现在它们被认为是坏的,甚至是危险的。这就是为什么在童话故事中,有一个给毒苹果的邪恶女人出现。对于刚断奶的婴儿来说,好母亲的乳房已经变坏了,所以必须有时间来恢复和重新调整。

但一个正常的好母亲不会逃避这个问题。在以往的二十四小时内,她经常要做几分钟的坏母亲,她已经习惯于此。随着时间的推移,她又被看作好母亲。最终,孩子长大了,认识了她的真实面目,既不是理想的仙女,也不是真正的巫婆。

因此,断奶有一个更广泛的意义:断奶不仅是让婴儿从哺乳改吃其他食物，或使用杯子，或主动用手喂食；它还包括逐渐幻灭的过程，这也是父母的任务之一。

平凡的好母亲和好父亲并不希望被他们的孩子所崇拜。他们忍受着被理想化和被憎恨的极端情况，希望最终他们的孩子能把他们当作普通人，爱他们，也保护他们。

第十三章　关于婴儿作为人的进一步思考

人类的发展是一个持续的过程。正如身体的发展一样，人格的发展和关系能力的发展也是如此。错过或破坏任何阶段都不会有决定性的坏影响。

健康就是成熟，与年龄相适应的成熟。在身体方面，我们可能还需要忽略某些意外的疾病，而在心理方面，没有任何理由说明健康和成熟不是同一回事。换句话说，在人的情感发展过程中，没有任何障碍或扭曲，就是健康。

如果我说的这些都成立，这就意味着，母亲和父亲对婴儿的所有照顾，不仅仅是让彼此快乐，也是生命绝对必要的条件，没有这些照顾，婴儿就不容易成长为一个健康或有价值的成年人。

在身体方面，如果对孩子的照料出了问题，可能的结果就是出现佝偻病或者罗圈腿；而在心理方面，如果一个婴儿被剥夺了一些非常普通但必要的东西，如亲密接触，他的情感发展必然会受到干扰，其结果会表现为长远的个人发展上的困难。

反过来说，如果孩子从一个阶段到另一个阶段，每个阶段复杂的内部发展都能顺利完成，并最终实现良好的构建关系的能力，那么父母就可以知道，他们对孩子的照顾是合适的。

这对我们所有人都有意义。因为按成年人的成熟或健康的标准，

第十三章 关于婴儿作为人的进一步思考

每个人都必须认识到：一个人的生活的良好开端是由某人提供的。我试图描述的，正是这个良好开端的基础——幼儿养育。

一个人的故事不是从五岁或两岁开始的，也不是从六个月开始的，而是从出生开始的——如果你愿意的话，也可以在出生之前。每个婴儿从一开始就是一个人，需要被人了解。没有人能够像婴儿的母亲那样了解一个婴儿。

这两句话让我们走了很长一段路。但是，然后呢？成长如何继续？期待心理学告诉任何人如何做一个母亲或父亲，我想这是错误的方法。相反，让我们研究一些母亲和父亲自然而然做的事情，并尝试向他们展示一些他们为什么要这样做的原因，这样父母们就会更有感触。

我举个例子。

案例一是一位母亲和她的女婴。当母亲抱起她的孩子时，她会做什么？她是否会抓着孩子的脚，把小婴儿从婴儿车里拖出来，然后甩起来放在肩上？她会用一只手拿着香烟，另一只手拎起小婴儿吗？不，她会用完全不同的方式。

我认为她会在接近婴儿时就先行预告：举起婴儿之前，她用手围住孩子的身体，把婴儿拢在一起；事实上，在举起婴儿之前，她就得到了婴儿的合作；然后她把婴儿从小床举到肩膀，再把婴儿放在她身上，让孩子的头依偎在她的脖子上。这样婴儿就可以开始感觉到她是一个人。难道不是这样吗？

案例二是一位母亲和她的男婴。她是如何给他洗澡的？她只是把孩子放在洗衣机里，让清洁过程机械地自动进行吗？肯定不是这样。她知道洗澡时间对她和孩子来说是一个特殊的时刻。她准备好了享受这个时刻。她提前做好了准备，用她的肘部测试水的温度，当婴儿被肥皂液浸泡时，留意不让他从她的手掌中溜走，而在这些动作之外，她让洗澡成为一种享受。这些体验丰富了母婴间日益增长的关系，不仅是她与孩子的关系，也是孩子与她的关系。

她为什么要花这么大的力气？我们可以简单地说：这是因为爱，这是因为母性的情感在她身上得到了发展，这是因为她对婴儿的需求有深刻的理解，而这种理解来自她的奉献。

让我们回到"抱起婴儿"的事情上来。或许在潜意识的状态下，母亲所做的事情是分阶段的。她通过以下方式使她的小女儿接受被抱起的事实：

1. 给婴儿一些警示；
2. 争取她的合作；
3. 聚拢好她的身体；
4. 把孩子从一个地方带到另一个地方，并且有一个孩子能理解的简单目的。

这个过程中，母亲还会避免自己的手太凉吓着孩子，也会注意在裹尿布时不要太紧，以免伤害孩子的皮肤。

母亲并不把她的婴儿卷入她所有的个人经历和感受中。有时她的孩子大喊大叫，直到她觉得生不如死，但她却用同样的关怀把孩子抱起来，没有报复或者说没有太多的报复。她避免让婴儿成为她自己冲动的受害者。照顾婴儿，就像治疗一样，是对个人情绪稳定程度的一种考验。

也许会碰到混乱不堪的一天：洗衣工在清单准备好之前就打来了电话；前门的门铃响了，又有人来到了后门敲门。但是，一位母亲会等到她恢复了常态之后才抱起她的孩子，她用惯常的温柔技巧抱起她的孩子，孩子知道这种技巧是母亲的一个重要部分。孩子能够识别这种高度个人化的技巧，就像识别她的嘴、她的眼睛、她的肤色和她的气味一样。母亲一次又一次地整理自己的情绪，收好属于自己的焦虑和兴奋，重新为她的婴儿提供属于婴儿的东西。这就提供了一个基础，在此基础上，人类的婴儿可以开始建立对两个人之间的关系这一极其复杂的事物的理解。

可以说，母亲使自己适应婴儿能够理解的东西，这就是积极适应需求。这种积极的适应正是婴儿情感成长所必需的，特别是在开始的时候，只有最简单的信息才能被婴儿理解。

有一些人真诚地相信并教导母亲说，在婴儿出生的头六个月里，母亲并不重要。只有技术才是最重要的，而好的技术可以在医院或家里由受过训练的工作人员提供。因此，我必须再解释一下为什么母亲要花这么大力气使自己适应婴儿的需求，而且还有很多东西是我无法在这个简短的描述中包含的。

虽然母亲照顾孩子的技巧可以被传授，甚至可以在书中读到，但作为孩子母亲的身份则完全是个人的，这是别人无法接管的工作，也是唯有母亲才能做得更好的工作。这个观点不是基于听母亲们的谈话，不是基于猜测，也不是基于纯粹的直觉，而是我经过长期研究后不得不得出的结论。

母亲也会感到麻烦，因为她觉得（我发现她的这种感觉是正确的），如果人类的婴儿要发展得好，发展得丰富，那么从一开始就应该有个"人"来给孩子母爱，如果可能的话，孕育和怀抱这个婴儿的人，对婴儿有根深蒂固的兴趣的人，允许婴儿有自己意愿的人，以及喜欢让自己成为婴儿的整个世界的人，是最好的人选。

这并不意味着几周大的婴儿对母亲的了解可以像六个月或一岁时一样多。在最初的日子里，婴儿所感知的是母亲的照料模式和照料技巧，还有母亲乳头的细节、母亲身体的形状、母亲微笑的特征、母亲呼吸的温暖和气味。婴儿很早就可能对母亲在某些特殊时刻的整体性有了初步的概念。然后，除了可以感知到的东西之外，婴儿还需要母亲作为一个完整的人持续稳定地存在，因为只有作为一个完整和成熟的人，她才能拥有完成任务所需的爱和性格。

我曾经冒险说过"没有单独的婴儿"——意思是说，如果你描述一个婴儿，你会发现，你在描述的是一个婴儿和另一个人。一个婴儿不可能单独存在，本质上，婴儿是一种关系的一部分。

母亲必须被考虑在内。如果她与自己孩子的关系的连续性被打破，就会失去一些无法弥补的东西。如果她期待其他人把孩子带走几个星期再送回来，她还能从断掉的母婴关系里继续工作，那只能说明她对母亲的角色多么缺乏了解！

这里，我将试着描述一下孩子需要什么样的母亲。

首先，孩子需要母亲是一个活生生的人。她的孩子必须能够感受到她的皮肤和呼吸的温暖，并能尝到她的味道，也能感受到她的气息。这是极其重要的，必须能充分接触到母亲生机勃勃的身体。没有母亲的活生生的存在，再好的母爱也是枉然。

医生也是如此。在一个村子里，全科医生的价值主要在于他是活的，他在那里，在被需要的时候可以使用。人们知道他的车牌号，知道他戴帽子的背影。学习成为一名医生需要很多年，漫长的培训可能会耗尽一个父亲的所有资本；但最终真正重要的，不是医生的学习和

第十三章 关于婴儿作为人的进一步思考

专业技能，而是村子里的人知道并感觉到他是活着的，而且可以得到服务。医生的实际存在满足了人们的情感需求。对医生如此，对母亲也是如此，只是婴儿对母亲的需求更多。

心理成长和身体护理是相互结合的。战争期间，我和一群人讨论受战争影响的欧洲儿童的未来。他们问我，在战争结束后要为这些儿童做哪些最重要的心理工作。我说："给他们食物。"有人说："我们指的不是物质上的东西，我们指的是心理上的东西。"我仍然觉得，在适当的时候给予食物，就是对心理需求的迎合。从根本上说，爱是以物质的方式表达的。

当然，如果身体护理意味着给婴儿接种疫苗，这与心理学没有关系。一个婴儿不可能理解你的关心，以及避免天花病毒肆虐的社会意义，因此医生给他打针时，他当然要哭泣。但是，如果身体护理意味着在适当的时间以适当的温度提供适当的食物（我是说从婴儿的角度来看是适当的），那么这也是心理护理。我认为这是一个有用的规则。婴儿能体会到的照顾是满足心理和情感的需要，无论它看起来只是多么简单地与身体需要相关。

从这个角度来看，母亲的活力和身体为婴儿提供了一个重要的心理和情感环境，对婴儿的早期情感成长至关重要。

其次，母亲需要向婴儿介绍这个世界。通过"人"的天然方式或交流技巧，让婴儿认识外部现实，认识周围的世界。在整个生命过程中，每个人都要面对如何与外部世界打交道的难题，但最开始的阶段特别需要帮助。我会尽量慎重地解释我的意思，因为许多母亲可能从来没有想过以这种"介绍"的方式照料婴儿；当然，医生和护士就更少考虑喂养行为的这个方面了。

想象一下，这里有一个还从未被喂过奶的婴儿。饥饿感出现了，出于需要，婴儿已经准备好去构思一些东西，创造一个满足的来源，但是没有任何以前的经验来告诉婴儿可以期待的是什么。这个时候，如果母亲把乳房放在婴儿可以碰触到的地方，留出足够的时间让婴儿用嘴和手，也许还有嗅觉来感受周围，婴儿就会创造出可以寻找和期待的东西。婴儿会产生幻想，认为这个真实的乳房是出于自己的需要、贪婪和原始之爱的冲动而创造的东西。视觉、嗅觉和味觉在某处记录下与之相关的印记，一段时间后，婴儿也许会创造出类似母亲乳房的事物。

在断奶之前，一个婴儿会被一个女人——母亲——赋予这种对外部现实的特殊介绍。一千次，这种感觉反复出现，形成一种稳定的事实：想要的东西被创造出来，并被发现在那里。婴儿由此发展出一种信念：世界可以包含期待的和需要的东西。其结果是：婴儿有信心在内在现实和外部现实之间，在先天的核心创造力和整个世界之间，架构一种活生生的关系，这是可以和所有人共享的。

因此，成功的婴儿喂养是婴儿教育的一个重要部分。以同样的方式（但我不在这里发展这个主题），婴儿接收到母亲关于排泄物的信息。婴儿需要母亲接受一种以排泄物为象征所表达的关系，这种关系在婴儿能够通过有意识的努力来配合母亲、做出贡献之前，以及在婴儿能够开始出于内疚而希望给予母亲补偿之前（也许在三四个月或六个月时）就已经全面展开了；也就是说，这是婴儿为贪婪的攻击所做出的补偿。

除了以上谈到的内容，我还将补充母亲们需要的第三条路，这是母亲自己可用的，而不是家庭教育支持团队可用的。母亲的工作除了介绍，还包括"幻灭"。当她给她的孩子带来"世界可以从需要和想象中创造出来"的幻觉时（当然从某种意义上说是不可能的，但我们可以把这个问题留给哲学家），当她为婴儿建立了对事物和人的信念作为健康发展的基础时，她就必须带孩子经历幻灭的过程，这是"断奶"这件事的一个更广泛的意义。

在孩子自己能够承受幻灭之前，成年人提供给孩子的东西帮助孩子可以承受现实的要求，但最终，孩子的创造力需要发展成现实的技能，并能够参与到社会生活中。

在我看来，《监狱的阴影》（Shades of the Prison House）似乎就是诗人对幻灭的描述，以及幻灭所带来的最根本的痛苦。而母亲让这个过程变得缓慢，孩子才能够接受世界本是如此。它可以提供人需要和想要的东西，甚至为人创造事物，但是，世界做这些不是自动自发的，也不会对人的情绪和愿望即时回馈。

你注意到我是如何从"需要"的概念逐渐转换到"愿望"或"欲望"的概念的吗？这种变化表明孩子长大了，并且接受了外部现实，与之伴随的就是本能欲望的减弱。

母亲为孩子着想，会一开始就把自己放在孩子的身份里，完全从孩子的角度考虑问题。但是孩子终将离开最初阶段的依赖，当环境适应自己的时候，他能够接受两个并存的角度——母亲的角度和婴儿的角度。母亲不能剥夺孩子的依赖（断奶、幻灭），除非她首先对孩子意味着一切，或者说，除非她首先与孩子融为一体，否则她就无法帮助孩子独立。

我无意说，如果母乳喂养失败，婴儿的整个生活就会被毁掉。一个母乳失败的母亲可以在奶瓶喂养中完成所有需要的事情，一个婴儿可以在奶瓶喂养下茁壮成长。然而，今天我所说的这个原则认为，婴儿一开始的情感发展只能建立在与一个人的关系上，这个人最好是母亲。除了母亲，还有谁能同时感受和提供婴儿所需的东西呢？

第十四章　婴儿与生俱来的品德

有一个迟早要面对的问题：父母应该在多大程度上把他们的标准和信仰灌输给成长中的孩子？这种操作通常的说法是"训练"。"训练"这个词当然会让人想到的，就是如何让你的孩子变得漂亮、干净、善良、听话、善于交际、有道德等。我本来也想说快乐，但我知道，父母不能"教"孩子快乐。

"训练"这个词在我看来是属于管理和调教宠物狗的东西。狗确实需要被训练。我想我们可以从狗身上学到一些东西：如果你有清晰的想法，你的狗就知道要如何配合你，它会因此比较快乐；孩子们也喜欢你对事物有自己明确的想法。但是狗不需要最终成长为一个人，而孩子需要。所以当我们陪伴孩子时，必须用一种新的方式，最好是可以确保完全不提"训练"这个词。

有一种观点认为，对"好"与"坏"的判断，就像其他很多东西一样，只要有一定的照顾环境，每个婴儿和儿童都会自然而然地产生。但其实这是一个复杂的问题：这个发展过程从冲动到控制每一件事，到服从的能力，我甚至无法告诉你这有多复杂。而且这种发展需要时间。只有当你觉得它值得时，你才会为必须发生的事情提供机会，付出努力。

我仍然在谈论婴儿，但要用婴儿的语言来描述生命最早几个月发生的事情是非常困难的。为了方便起见，让我们现在看看一个五岁或六岁的男孩的作画。我将假装是他，以此来讲述正在发生的事情，尽管这个孩子自己并没有真正意识到这些过程。

他正在画画。他做了什么？他感觉到有一种冲动，就是想乱写乱画。不过，这并不是要"画一幅画"。这只是一种新鲜的原始的乐趣。同时他想表达思想，而且要以"涂抹"这样一种方式来表达它们，使它们有可能被理解。如果他实现了"画一幅画"，他就能找到一系列让自己满意的、控制自己想法和动作的方法。

首先，他需要拿到一张有一定尺寸和形状的纸。接着，他希望使用一些画画的技巧。然后，他知道，图片需要对称——如你知道的，房子两边的树——这是他需要并希望从父母那里得到公平的表达。兴趣点必须平衡，灯光、色调和色彩方案也必须平衡。画面的关注点必须遍布整张纸，但必须有一个中心主题，将整个事情编织在一起。

在这个公认的、实际上是自己强加的控制体系内，他试图表达一个想法，并保持一些想法诞生时属于它的新鲜感。描述这一切几乎让我喘不过气来，但如果你给他们一丁点儿机会，你的孩子就能很自然地完成它们。

当然，正如我所说的，孩子对所有这些事情的了解程度还不足以让他谈论这些事情。一个婴儿更不知道自己身体里发生了什么。

在某种情形下，婴儿就相当像这个大男孩，只是一开始，这些思绪更隐蔽。婴儿的这些构想"图画"实际上并没有被画出来，事实上，它们当然根本不是图画，而是对外界的一点儿示意，只有婴儿敏感的母亲才会欣赏。一个微笑可以包含这一切，或者一个笨拙的手臂动作，或者一个吸吮的声音，表示准备好了喂食，也许还有一声呜咽。敏感的母亲通过这些声音知道，如果她快点儿来，她就能参与一个动作，否则，婴儿的这些就只是无意义的混乱表达，只是一种浪费。

而对于婴儿的成长来说，这是合作意识和社会意识的开始，值得所有的麻烦。有多少孩子在夜里被把尿，父母因此省去了大量的清洗尿片的工作，但他们会在几年后出现遗尿症[①]，在夜里回到他们的婴儿期，再次重复他们的经验，试图找到并弥补所缺少的东西。在这种情况下，缺少的东西其实是母亲对婴儿兴奋或痛苦信号的敏感度，如果没有人关注、参与所发生的事情，这些原本的成长机会就不得不浪费，因为没有人在那里。

正如婴儿需要将他的身体经验与母亲的爱的关系联系起来，他也需要这种关系作为他应对恐惧的防御工事。这些恐惧本质上是原始的，是基于婴儿粗暴的报复冲动。婴儿兴奋起来，有攻击性或破坏性的想法，表现为尖叫或想咬人，此时的世界似乎充满了咬人的嘴、敌对的牙齿和尖利的爪子等各种威胁。这样一来，如果不是因为母亲的保护作用，防御了这些属于婴儿早期生活经验的非常大的恐惧，婴儿的世界将是一个非常可怕的地方。

母亲（当然，我也没有忘记父亲）作为一个"人"，缓冲了孩子的恐惧。渐渐地，母亲和其他人都被婴儿视为人类。因此，婴儿获得的不是一个报复性的世界，而是一个能理解婴儿、对婴儿的冲动做出恰当反应的父母，以及可以被伤害或惹怒的父母。当我这样说的时候，你会发现，报复性力量是否变得人性化，对婴儿来说有巨大的区别。

首先，母亲知道实际破坏和意图破坏之间的区别。当她被咬的时

[①] 遗尿症（enuresis），俗称尿床，通常指小儿在熟睡时不自主地排尿。

候，她会说"哎呀"，但她却没有感到恐惧。她意识到婴儿想要吃掉她，事实上，她觉得这是一种赞美，是婴儿表达兴奋的爱的方式。当然，她也不会被吃掉。她说"哎呀"，只说明她有些疼痛。婴儿可能会伤害到乳房，特别是如果已经开始长牙齿的话。但母亲无疑是会存活下来的，婴儿也有机会从存活中获得保证。当然，父母也可以给婴儿一些硬的东西，一些可以安全啃咬的东西，如拨浪鼓或骨环，因为你知道，对婴儿来说，能够肆无忌惮地啃咬是一种安慰，这样他就不用担心因为啃咬冲动而被母亲报复。

在这些生命的最初阶段，环境良好的适应性或"好"的东西会作为一种自我品质，在婴儿的经验库中积累起来。它们与婴儿自己的健康功能融为一体。虽然婴儿随之会开始感觉到某些适应失败（某些需求没有被完美满足），但之前所储存的"好"的经验会给婴儿信心。这是一个自动积累的、感受的过程，不是意识层面的。

对孩子意识层面的管理，往往关乎清洁与道德标准。

有两种方法可以让孩子了解清洁和道德的标准，以及后来的宗教和政治信仰。一种是由父母植入这些标准和信仰，强迫婴儿或儿童接受这些标准和信仰，而没有将其与发展中的人格相结合。可悲的是，对于那些身心发展不理想的孩子，这是他们唯一的经历。

另一种是允许和鼓励天生的道德倾向。

由于母亲的敏感天性，以及她对婴儿的真实的爱，婴儿的个人道德感的根基被保留下来。我们已经看到，婴儿如何讨厌浪费经验。如果等待能增加关系的温暖，他们愿意等待，并忍受原始快乐不能立刻被满足的挫败感，我们也看到了母亲是如何为婴儿的活力和激情提供爱的关系及保护的。在自然的整合过程中，攻击和破坏的冲动与给予和分享的冲动是相关的，后者的存在会减少前者的影响强度。而强迫性的训练就是没有利用孩子的这个自然整合过程。

我在这里所描述的，实际上是在孩子身上逐渐建立起一种责任感，这种责任感在本质上是一种内疚感，这里的环境要素是母亲或母亲形象的持续存在。在儿童发展大约持续六个月到两年的这段时间里，孩子正在适应自身的破坏性，这种破坏性是婴儿自我构成的一部分。这种破坏性在客体关系的经验中会变得越来越有特点，逐渐成为一个性格特征。

在这之后，孩子就能将破坏客体的想法与爱同一客体的事实进行令人满意的融合。这段时间里，母亲是被需要的，她被需要是因为她的持续存在。她是婴儿的生活环境，同时也是一个特别的客体，是孩子兴奋的爱的对象。孩子在逐渐整合母亲的两个属性，并能够同时爱母亲和攻击、触碰母亲。这使孩子陷入一种特殊的焦虑之中，这种焦虑被称为内疚感。婴儿逐渐能够容忍对本能中破坏性因素的焦虑（内疚），因为他知道有机会进行修复和重建。

这个过程中隐含的平衡，比任何仅仅靠父母强加给孩子的道德标准和社会规范都更能建立是非感。婴儿确实欠母亲的，因为是母亲的爱为他提供了可靠的环境。我们可以看到，如果内疚感的能力消失了，同时也意味着对环境的可靠性失去了信心，比如当母亲不得不离开她的婴儿时，或者当她生病时，或者心事重重时，婴儿会因为对外界失去信心而变得绝望。

如果孩子愿意的话，我们可以认为孩子会在自己的内心发展出一个内在、稳定的好母亲，这个母亲觉得在人类关系的轨道上获得任何经验都是一个幸福的成就。当这种情况开始发生时，母亲自己的紧张度与敏感性会变得不那么强烈。同时，她可以开始自然而然地加强和丰富孩子的道德发展，而不需要依赖强硬要求。

只要"文明"在一个新生命中开始萌芽，之后，他就会一点点地去寻找自己的道德准则。这时，父母应该备有一些清晰的道德准则来引导他们的孩子。这种引导的作用之一，就是使孩子自身不完整的、激烈的道德观人性化，缓和孩子对"服从"的憎恨，因为这种服从往往是以牺牲个人生活方式为代价的。孩子所具有的激烈的道德观应该被人性所约束，但它绝不能被扼杀——因为它源于生命本能。

有些父母会把和平与安静看得太重要了。顺从会带来直接的回报，让孩子看起来容易管理，因此成年人太容易把顺从误认为是成长。

第十五章　孩子的本能和正常困难

当涉及疾病治疗时，零零碎碎的谈话和只看书本的照本宣科是相当容易误导人的。对于生病的孩子，母亲所需要的，是一个能够亲自来看视和检查婴儿并与她进行讨论的医生。不过健康孩子的普遍性问题则是另一回事。我想，如果有人告诉父母们，不要指望他们健康的孩子会一帆风顺、一路向前走而不引起任何担心和焦虑，母亲们可能会觉得安心一些。

正常的健康儿童无疑也会出现各种症状。

是什么导致了婴儿期和幼儿期的这些症状呢？面对正常健康的孩子，如果我们假设，父母对孩子的照料是熟练和前后一致的，已经为这个社会新成员的健康打下了令人满意的基础，那么，是什么让这个孩子仍然出现问题？

我认为，答案与本能有关。我现在想说的就是这个问题。

可能就在这一刻，你的孩子正安静地躺在那里睡觉，或搂着什么东西，或在玩耍。这是身为母亲的你所欢迎的安静时刻之一。但是你很清楚，这种安静随时可能被打破。因为孩子的健康成长会伴随反复出现的兴奋。从身体方面来看，孩子会饿，身体有本能的需求；从心理方面来看，孩子会开始有令人兴奋的想法。这些激动人心的经历在孩子的发展中起着非常重要的作用，既促进成长，也让成长变得复杂。

在大多数孩子兴奋、有冲动需求的时刻，你往往能够满足他们。然而，在某些时候，有些需求确实太巨大了，以致无法完全满足；还有些兴奋和冲动比较不常见（不如饥饿那么常见），因此不太被广泛理解。

事实是，身体的任何部分都可能在某个时候被激发，比如说皮肤。你看到孩子们抓他们的脸，或抓其他地方的皮肤，皮肤本身变得兴奋，并出现某种皮疹。而且某些部位的皮肤比其他部位更敏感，或者在某些时候更敏感。你可以看到并感受孩子对整个身体的探索，尝试各种让自己兴奋的方式，其中当然不能遗漏性的部分。

这些东西对婴儿非常重要，它们构成了婴儿期清醒生活的高光时刻。兴奋的想法与身体的兴奋一起出现，如果我说，这些感受不仅与快乐有关，还与爱有关，你不用感到惊讶，婴儿如果发育良好，就能渐渐成为一个能够感受到别人的爱，也爱别人的人，他将学会作为一个"人"的爱。婴儿与母亲、父亲和周围其他人之间有一种非常强大的联系，而兴奋与这种爱有关。在一些让身体兴奋的互动方式里，爱的体验也变得更敏锐。

伴随着原始的爱的冲动，破坏性也随之出现。破坏性与攻击性几乎都源于愤怒。你可以很容易地知道，在一些需求没有被满足，或者没有被完全满足的时刻，婴儿不可避免地会有大量的挫败感，这在身心反应上就导致愤怒，甚至暴怒。如果你时不时地看到婴儿愤怒的画面，那么有一点可以肯定：你的婴儿很健康，他没有生病。

你要学会把愤怒与悲伤、恐惧、痛苦区分开来。愤怒时，婴儿的心脏跳动得比以往任何时候都要快。事实上，如果你想听的话，每分钟的心跳次数可以数出来。愤怒意味着孩子已经相信自己有资格因为一些事情生气了，而且相信他的愤怒能对外界产生影响。

体验过于强烈的情绪会有风险，这些兴奋和愤怒的感受通常是非常痛苦的；所以你和你完全正常的孩子会一起努力，寻找方法来避免这些过于强烈的感受。如果一个人对孩子了解足够多，就能看到正常婴儿也会出现各种症状。

例如，婴儿有时会不肯吃东西（无法在进食时兴奋），或者只接受某些食物而不接受其他种类的食物，又或者不接受其他人来喂养，而只接受母亲来喂养。这不一定是疾病，这只是我们的孩子在寻找各种各样的技术来管理那些无法忍受的感觉。他们必须避免一些过于刺激的自然感觉，因为这些感觉太强烈了，或者是因为某种经历带来过痛苦的冲突。

喂养困难在正常儿童中很常见，而且经常发生的情况是，母亲不得不非常失望地忍受几个月，甚至几年。在这期间，孩子浪费了母亲提供良好食物的所有能力。也许孩子只吃常规的食物，而任何经过特殊处理的食物或精致的食物都会被拒绝。有时，母亲不得不接受孩子在相当长的时间内完全拒绝食物，如果父母在这种情况下试图强迫孩子，只会增加孩子的抗拒。

然而，如果父母耐心等待，并且不把喂养困难当作一个"问题"，那么在某个时候，孩子会重新开始吃东西。我们完全可以想象，一个没有经验的母亲在这种情况下会很担心，需要医生或护士向她保证，孩子拒绝进食不是因为她忽视了孩子，这种情形也不会造成孩子身体上的伤害。

婴儿定期有各种无节制的行为表现（不仅是喂养），这些是自然的，而且这些经历对他们非常重要。比如，婴儿的排泄过程对他们来说就特别刺激，随着他们的成长，在适当的时候，身体的性器官也会让婴儿感觉兴奋。当然，父母看到男孩的勃起是很容易的，而要知道小女婴的性感受就很难。

顺便说一句，你可能注意到了：婴儿对什么是"好"、什么是"坏"的标准和你不一样。对于他们，在兴奋和快乐中排泄的东西很可能被认为是好东西，甚至可以吃，还可以在小床和墙壁上涂抹。这对大人是个麻烦，但这是自然现象，你不要太在意。你需要满足于等待更多的文明意识的自发出现。厌恶感迟早会降临，然后很突然地，一个吃肥皂、喝洗澡水的婴儿会变得很谨慎，不再吃任何看起来像排泄物的食物，而在几天前，这些排泄物还在被他玩耍并试图塞到嘴里。

有时我们会看到大一点儿的孩子回到婴儿状态，这时我们就该知道，孩子的发展中出现了一些困难，阻挡了向前发展的道路，孩子有必要回到婴儿状态所覆盖的地方，以便重新建立婴儿的权利和自然发展的规律，让发展继续。

母亲们是这些事情的旁观者，作为母亲，她们确实在这一切中发挥了作用；但她们的最优方案是尽量看着一个稳定而自然的发展过程自发运行，也不要把自己的是非观念强加给孩子。

试图给婴儿强加一个对与错的模式所带来的一个麻烦是：婴儿的本能出现时，会破坏这一切。他愿意服从你的模式，以期获得你的爱，但兴奋来临时，兴奋的体验时时刻刻会打破婴儿通过服从获得爱的努力。其结果是，他或她在本能的作用下变得不安，而不是因为本能而加强了自己的力量。

正常成长的孩子，本能都不会太严重地被压制，但肯定会受到一些干扰，而这些在无知的观察者看来就是症状。在我提到的愤怒之外，发脾气和"对一切说不"的时期在两岁和三岁时也很常见。小孩子经常做噩梦，半夜里刺耳的叫声让邻居们怀疑你在干什么残暴的事情，但事实只是孩子做了一个带有某种性色彩的梦。

幼儿不一定要生病才会害怕狗、医生和黑暗，或者对声音和阴影以及暮色中的模糊形状充满想象力；他们也不一定要生病才会绞痛。他们有时会变脸，有可能是因为生病，也有可能是他们对某件事情感到兴奋。他们可能在一两个星期内拒绝与他崇拜的父亲有任何联系，或拒绝对阿姨说"你好"；他们可能想把新妹妹放进垃圾箱，或为了逃避对新宝宝的恨意而对猫咪相当残忍。而这些可能都与生病无关。

你们都知道，干净的孩子会变脏，或变得浑身湿漉漉的，好像刚从水里捞出来。事实上，在两岁到五岁这段时间里，几乎什么事情都可能发生。不妨把这一切归结为本能的运作，归结为孩子对本能的极端感受，以及（因为所有身体反应都有其相应的内在情绪）归结为因孩子的想象而导致的痛苦冲突。

让我补充一点：在这个关键的年龄，本能不再只是幼稚的品质，在描述它们时，如果我们坚持使用幼儿园的术语，如"贪婪"和"捣乱"，那样的描述是不够完整的。当一个健康的三岁孩子说"我爱你"时，这里的"爱"和相爱的男女之间的"爱"具有同样的意义。事实上，它可以是普通意义上的性行为，涉及身体的性器官，并包括像青少年或成年人恋爱时的深层感受。

生命本能巨大的力量在起作用，作为母亲，你需要做的，是保持家庭的团结，并心存期待。所有事情的缓解都将通过时间的运作来实现。当孩子五六岁的时候，事情就会清晰很多，并且会一直清晰到青春期，所以你会有几年轻松的时光。在此期间，你可以把部分责任和部分任务交给学校，交给受过训练的教师。

第十六章　孩子和周围人的关系

一个婴儿的情感发展始于他的生命之初。如果我们要判断一个人与他的同伴相处的方式，以及他如何建立自己的个性和生活，我们就不能忽略他生命中最初的几年、几个月，甚至几周和几天发生的事情。当我们靠近成年人的问题，例如那些与婚姻有关的问题时，我们当然要面对属于后期发展中出现的情况。然而，在对任何一个人的研究中我们都会发现，在这个人身上同时存在着过去和现在，婴儿和成人。可以方便地称为"性"的东西在很小的时候就出现了，比我们祖父母的规矩所允许的要早得多，而且从某种意义上说，整个人类关系的交互从一开始就存在了。

让我们来看看，当健康的小孩子玩"过家家"的游戏时会发生什么。

可以肯定，性的主题进入了孩子的游戏，尽管往往不是通过直接呈现，但我们可以发现许多成人性行为的象征。不过我现在关心的不是这个，从我们的角度来看，更重要的是，这些孩子在游戏中体现了他们对父母认同的能力。很明显，他们已经观察到了很多东西。

在孩子的游戏中，人们可以看到他们建造一个家，安排房子，对假想的宝宝们承担共同的责任，甚至形成一个完整的架构（游戏设置）。在这个游戏设置中，孩子们可以探索和发现自己的自发性。如果现实生活中我们让孩子完全实行自己管理自己，他们会对自己的冲动感到害怕。而对于健康正常的孩子来说，如果他们能像这样组织在一起，在游戏中实现自主管理，那么就是安全的，而且他们以后就不需要被教导如何建造一个家，他们已经通过游戏知道了要领。反过来说，从来没有扮演过父亲和母亲角色的人，有可能教会他们如何组建一个家吗？我认为可能性不大。

虽然我们很高兴看到孩子们能够享受游戏，这表明他们有能力认同家庭和父母，并且有成熟的观点和责任感，但这不是我们希望孩子们整天都做的事情。事实上，如果他们全天都沉浸在这样的家长角色里，那将是令人震惊的。我们希望那些在上午玩这种游戏的孩子，在下午茶的时间恢复贪吃的天性，在睡觉时间互相嫉妒，在第二天早上顽皮和挑衅：因为他们仍然是孩子。如果他们幸运的话，他们真正的家是稳定存在的。在他们真正的家里，他们可以继续发现自己的自发性和个性，放任自己，就像讲故事一样，当他热衷于他的任务时，他会对自己涌现出来的奇思妙想感到惊讶。在现实生活中，他们可以依靠自己真正的父母，而在游戏中，他们轮流扮演父母的角色。我们欢迎这种家庭建设游戏的出现，以及所有其他的如教师和学生，医生、护士和病人，巴士司机和乘客的游戏。

从旁观的角度，我们可以在这一切游戏中看到健康。但是，当儿童达到这个玩游戏的阶段时，不难理解，他们已经经历了许多复杂的发展过程，当然，这些过程还正在继续，没有真正完成。

儿童需要一个普通的正常家庭来认同，也特别需要一个稳定的家庭和稳定的情感环境，在这样的环境中，他们可以有自己的时间，按照自然的节奏成长，取得稳定和自然的进步。顺便说一下，父母没有必要知道自己孩子的所有想法，就像他们不需要知道所有的解剖学和

第十六章 孩子和周围人的关系

生理学知识才能使他们的孩子身体健康一样。然而,他们必须要有理解力,能认识到父母之爱不仅仅是内心的一种自然本能,也是孩子需要父母提供的绝对支持。

照顾婴儿的母亲虽然用心良苦,但如果认为小婴儿只是一个生理学、解剖学和条件反射的集合体而已,这就会很糟糕。毫无疑问,婴儿会得到很好的喂养,他的身体也会健康成长,但只有母亲把新生婴儿当成真正的"人",婴儿的心理发育才有机会得到健全的基础,以保证孩子在以后的生活中能有稳定且层次丰富的人格,不仅能适应这个世界,还能成为世界的一部分,对世界提供价值与影响。

问题是,母亲如果害怕自己的责任过于重大,或者不足够自信,她就很容易臣服于教科书和规章制度。我应该说,对婴儿的适当照顾只能发自内心;脑袋不能单独做到这一点,只有同时具备感情自由时才能做到。

给予食物只是母亲让婴儿了解自己的方式之一,但这是一个重要的方式。我在前面写到,一开始就被敏感地喂养并在其他方面被敏感地照料的孩子,已经真正超越了对我们的哲学难题所能给出的任何答案。"那边的物体是真的存在,还是只是想象出来的?"物体是真实的还是虚幻的,对他来说已经变得相对不重要了,因为他已经找到了一个愿意为他提供幻觉的母亲,而且是不打丝毫折扣、时间足够长地提供,这样一来,想象世界与客观现实之间的鸿沟,对这个孩子来说就会尽可能地小。

这样的孩子在九个月左右,就能与他自己以外的东西建立良好的关系。他将逐渐认识他的母亲,他与母亲的关系能够经受住所有可能的挫折和麻烦甚至分离,都不会失去联系。

但如果婴儿是被机械地、不敏感地喂养,而且没有人积极适应这个婴儿的特定需要，那么他就处于非常不利的地位，他很难建立起想象世界与客观世界的桥梁。即使这样的婴儿能够想象一个忠实的母亲，这个母亲也必然缺乏真实性，只是一个想象中的理想人物。

我们很容易从身边发现一个无法生活在婴儿世界里的母亲，她只生活在母亲的世界里。从肤浅的观察者的角度来看，这样的孩子早期可能会取得非常好的进展。可是到青春期或者更晚，他最终会提出抗议：要么崩溃，要么只在违抗中找到心理平衡。

与此相反，积极适应的母亲给她的婴儿提供了与世界接触的基础，更主要的是给婴儿与世界的关系提供了丰富的内容，随着时间的推移，这种关系可以促进个体发展，实现生命的成熟。

婴儿与母亲的这种最初关系里，一个重要的因素就是将强大的本能驱动力纳入个体生命之中。母亲带给婴儿的生存经验告诉婴儿：本能的体验和兴奋、冲动是可以允许的，它们不一定会破坏稳定的关系、友谊和分享。

我们不应该得出这样的结论：每一个由专职母亲精心喂养和照料的婴儿都必然会有完整健康的心理发展途径。即使早期经验是好的，婴儿所有获得的东西都必须在后面的发展过程中得到巩固。

我们也不应该得出这样的结论：每一个在机构中长大的婴儿，或者由一个缺乏理解力或因为害怕而不相信自己判断力的母亲抚养的婴儿，都注定要进入精神病院或收容所。事情并不像这样简单。为了清楚起见，我简化一下这个问题。

我们已经看到，健康的小孩子出生在良好的条件下，他的母亲从一开始就把他当作一个有自主权利的人，而不仅仅一味要求他顺从。

正常的孩子从一开始就对生活有自己的看法和主张。健康的婴儿往往有可能出现喂养困难；他们在排泄物的处理上可能更挑衅和任性；他们经常激烈地抗议和尖叫，踢母亲和拉母亲的头发，甚至试图把自己的眼睛挖出来，某种程度上，他们几乎是一个讨厌的人。但他们会表现出自发的、绝对真诚的感情冲动，在这里拥抱一下，在那里慷慨解囊，通过这些事情，这些婴儿的母亲会得到回报。

不知何故，教科书似乎喜欢乖巧、听话、干净的孩子，但这些美德只有在孩子们发展到一定阶段才有价值，因为他们越来越有能力认同家庭生活中父母（成人）的一面。这就像前面所描述的儿童艺术天赋的自然发展过程。

如今，我们经常谈论适应不良的孩子，但适应不良的孩子其实是在开始和早期阶段未能被世界充分适应的孩子。婴儿的顺从是一件可怕的事情。这意味着父母是在以未来巨大的代价来换取当下的暂时的便利，这些被预支的代价将不得不在未来一次又一次地由他们支付，或者由社会支付——如果父母不能忍受这种敲诈。

在母亲和婴儿之间最早的关系这个问题上，我想说一个困难，它关系到任何一个未来的母亲。

在婴儿出生时和之后的几天里，医生和护士对母亲来说一定很重要，这些专业人士能对所发生的事情负责，让母亲有信心。遗憾的是，我们不能认为对身体健康和身体疾病以及对分娩助产非常熟练的医生，对婴儿和母亲之间的情感纠葛也同样精通。医生要学的东西太多了，很难指望一个医生既是身体方面的专家，又能掌握有关母亲和婴儿心理的最新知识。因此，一个优秀的医生或护士虽然不是有意去做任何伤害母婴关系的事情，但也很有可能会干预母亲和婴儿之间的第一次接触，破坏其中一些微妙的东西。

母亲确实需要医生和护士，需要他们的技术，需要他们提供的框架，使她能够放下她的忧虑。然而，在这个框架内，母亲需要能够找到她的婴儿，并使她的婴儿能够找到她。她需要能够以一种自然的方式让这一切发生，而不是按照书本上的任何规则。母亲不需要因为自己不具备医生和护士的专业水准而感到羞愧，因为在这个时候，医生和护士只能提供帮助。

我在前面说过，现在存在一种倾向，即让母婴避免直接接触，远离自然真实的充分交流，而将照料婴儿的责任放在护士那里。这其实是不可取的。

另一个问题是婴儿的攻击性。

婴儿与母亲的情感互动模式构成了他在以后生命阶段的情感生活的基础。我已经说过，本能的驱动力从一开始就进入婴儿与母亲的关系中。与这些强大的本能一起出现的是攻击性，还有因挫折而产生的仇恨和愤怒。爱的兴奋中的冲动因素，以及与之相关的攻击性因素，会增加生活中的风险，因此，大多数人在某种程度上会选择抑制，压抑这些冲动与攻击。

但我们可以更仔细地看看：这一部分是有益的。

婴儿最原始的和早期的冲动是无情的，或者说无关情绪的。他也不关心后果。当然，我说的是婴儿的内心想法，而不是我们用眼睛看到的实际物理过程。起初，婴儿被冲动冲昏了头脑，后来才逐渐意识到，在兴奋的喂养体验中，被攻击的对象是母亲的脆弱部分，也就是母亲以"人"作为间隔，作为兴奋和狂欢中的缓冲。

每一个生理过程都被幻想所丰富，随着婴儿的成长，幻想会稳步发展出明确性和复杂性。兴奋的婴儿在幻想中猛烈地攻击母亲的身体，尽管我们肉眼所看到的攻击只是微弱的，而哺乳的进行随之给婴儿带来满足感，攻击暂时停止。在婴儿的幻想中，母亲的身体是敞开的，以便自己能够得到和吸收自己需要的好东西。

对一个婴儿来说，让母亲持续地在一段时间内照顾他，在他的攻击中幸存下来，最终，随着时间的推移，婴儿会有一种温柔的感觉、内疚的感觉以及对母亲的幸福的关心。她继续成为婴儿生命中一个活生生的人，使婴儿有可能找到那种与生俱来的内疚感，这是唯一有价值的内疚感，也是修补、重新创造和给予等这一类冲动的主要来源。

这个过程中，各阶段的发生有其自然的顺序，即无情的爱、侵略性的攻击、内疚感、关切感、悲伤、修补、建设和给予的愿望；这个顺序是婴儿期和儿童早期的基本经验，但它不能成为一个真正、稳定的存在，除非母亲或母亲的替代者能够与婴儿一起经历这些阶段，从而使各种元素的整合成为可能。

有另一种方式来说明普通意义上的好母亲（包括好父亲）为她的婴儿所做的一些事情。

普通的好母亲在不知道自己做了什么的情况下，一直在帮助孩子区分"实际发生的事情"和"想象中发生的事情"。她为婴儿从丰富的幻想中区分出实际的东西。她自身存在的客观性，在帮助婴儿处理攻击的问题上特别重要。

母亲保护自己不被咬得很惨，她阻止两岁的孩子用火钳打新生儿，她能认识到，即使是正常的孩子，其攻击性也可以产生巨大的现实破坏，但她并没有被吓倒。她知道这些想法一定存在，当它们逐渐出现在游戏或梦境中时，她并不感到惊讶，她甚至提供故事和故事书，以延续儿童头脑中自发出现的攻击性主题。她并不阻止孩子产生破坏的想法。

以这种方式，这个普通的好母亲使孩子天生的内疚感以天然的方式发展。我们希望随着婴儿的成长，先天的内疚感会出现，而且我们愿意为它付出时间等待；与之相反，强加的道德准则则让人感到厌烦。

一个人被要求成为母亲或父亲的时期，当然是一个自我牺牲的时期。普通的好母亲不用别人说也知道，在这段时间里，任何事情都不能干扰孩子和自己之间关系的建立。虽然她可能不知道，当她以这种方式很自然地行动时，她已经在为孩子的心理健康打下良好的基础。孩子如果没有她费尽心思提供的这种经验，就不可能获得心理健康。

家 庭

第十七章　父亲的作用

在我的工作中，许多母亲与我讨论过这个问题："母亲很重要，那父亲呢？"

我想大家都清楚，在正常情况下，父亲是否了解自己的孩子，取决于母亲。有各种各样的原因使父亲难以参与到婴儿的成长过程中。

首先，当婴儿醒着的时候，父亲可能很少在家。很多时候，即使父亲在家，母亲也会发现存在困难：她不知道什么时候该求助于丈夫，什么时候该希望他离开。毫无疑问，在父亲回家之前让孩子上床睡觉往往要简单得多，就像把衣服洗好，把食物煮好是个好主意。但是根据经验，你们中的许多人都会同意：父母日常分享照顾婴儿的小细节时，对伴侣之间的关系是有很大帮助的。这些小细节在外人看来很傻，但在当时对父母和婴儿来说都非常重要。而当婴儿成长为学步儿童，成为一个小孩子时，细节的丰富性就会增加，父亲和母亲之间的联系也会因此变得更加深刻。

我知道有些父亲一开始对他们的婴儿非常害羞，毫无疑问，也有些父亲永远不会对婴儿感兴趣；但是，无论如何，母亲可以让她们的丈夫在小事上帮忙，可以安排婴儿洗澡时让父亲陪伴，如果他愿意，甚至可以参与。如我所说，这类事情在很大程度上取决于母亲怎么做。

我们不能认为在每一个案例中，父亲早早地出现在育儿画面中是一件好事。人与人之间是如此不同。有些男人觉得他们似乎比他们的妻子更适合做母亲，他们可能因此成为一个相当讨厌的人，特别是当他们跳着华尔兹，非常耐心地当半个小时的"好母亲"，然后又跳着华尔兹离开，而忽略了母亲必须一天二十四小时、日复一日地当"好母亲"的事实。

当然，也有一些父亲真的会成为比妻子更好的母亲，但他们仍然不能成为母亲；所以必须找到一些解决困难的方法，而不是仅仅让母亲淡出画面。但通常情况下，母亲知道她们在自己的工作中表现得很好，如果她们愿意，就可以安排她们的丈夫进入画面。

如果画面从头开始，我们可以看到，婴儿首先认识母亲。婴儿迟早会认识到母亲的某些特质——柔软、甜美——人们总是将它们与母亲联系在一起。

但母亲也有各种强硬的品质，例如，她可以很冷漠，很严格。如果婴儿接受这样一个事实：母亲给他吃东西的时间，并不是他想吃东西的时候，那么婴儿就接受了母亲对于喂食的守时性。我想说的是，母亲的某些品质在本质上并不属于她自己，但它们却逐渐在婴儿的脑海中聚集起来，这些品质会引发婴儿对父亲的感情，而婴儿最终也愿意对父亲产生这种母性之外的感情。一个强大的、可以被尊重和爱戴的父亲，比在母亲身上承载一个由规则和条例、允许和禁止、刻板僵化和不妥协的组合，要好得多。

因此，当父亲以父亲的身份进入孩子的生活时，他会接管婴儿对母亲的某些强硬属性所产生的感觉，当父亲能以自己的方式接管这些感觉时，对母亲就是一种极大的安慰。

第十七章 父亲的作用

让我看看能否把父亲的价值与母亲分开。

我想说的第一件事是，一个家庭需要父亲来提供保障条件，让母亲感到身体健康和心灵愉悦。孩子对父母之间的关系非常敏感，如果父母之间相处融洽，孩子也成长顺利的话，孩子会是第一个欣赏这一事实的人，而且这一事实会让孩子发现生活更容易，孩子也会以更满足和更容易被照料的方式来表达这种欣赏。我想这就是婴儿或儿童对社会安全的最初理解。

父亲和母亲的性结合提供了一个坚实的事实基础，孩子可以围绕它建立一个幻想，一个他可以依附和反对的基石；此外，它为家庭成员解决三角关系的问题提供了部分自然基础。

我想说的第二件事是，父亲需要给予母亲精神上的支持，成为母亲权威的后盾，成为代表母亲在孩子生活中建立法律和秩序的人。他不需要一直在那里做这件事，但他必须经常出现，让孩子感到他是真实的、活生生的。

孩子生活的大部分安排一般由母亲来完成，孩子们喜欢感觉到，当父亲不在家里时，母亲可以管理家庭。的确，每个女人都必须有话语权和行动能力，但如果她必须成为孩子全部生活的承担者，必须提供全部的强势或严格，还有爱和温暖，那她确实背负了太大的负担。

对孩子来说，有双亲来分担感受要容易处理得多；当一个受人憎恨时，还可以感觉到另一个仍然充满爱，这本身就具有稳定的影响。一个孩子打或踢他的母亲，你会猜想，如果她的丈夫支持她，孩子可能也会想踢父亲，但更大的可能是孩子根本就不会去尝试这么做。每当攻击冲动出来的时候，孩子就会恨一个人，如果父亲不在那里，不告诉孩子可以怎么做，孩子就会恨母亲，但这又会让孩子感到困惑：因为从根本上说，他最爱的也是母亲。

第三件事是，孩子需要父亲，因为父亲有积极的品质和区别于其他男人的特性，以及他独有的活力。在生命早期的小男孩或小女孩了解父亲的时候，很容易形成这样的印象。当然，我并不是要求父亲把自己和自己的个性强加给孩子。各种情况都会存在：一个几个月大的婴儿就会四处寻找父亲，当父亲走进房间时婴儿就会向他伸出手，听他的脚步声；而另一个孩子则可能会离父亲远远的，或者只在日积月累之后，才逐渐让父亲成为自己生活中的一个重要人物。一个孩子会想知道父亲到底是什么样的人，而另一个孩子则可能把父亲当作梦幻中的人物，几乎不准备去了解他。

然而，如果父亲在那里并希望了解自己的孩子，那么孩子就是幸运的，最幸福的情况是：父亲极大地丰富了孩子的世界。当母亲和父亲都能轻松地接受对孩子存在的责任时，就为一个好家庭创造了条件。

父亲对孩子生活方式的丰富性，几乎不可能描述，因为存在无限可能。在孩子们形成的理念与观点里，至少有一部分是基于他们从父亲那里看到的，或者他们认为自己看到的东西。当父亲向孩子们一点点透露自己早出晚归的工作内容时，孩子就会得到一个新的世界，这个新世界随着父亲的描述而向他们开放。

在孩子们的游戏中，总是有一个"母亲和父亲"的游戏。

如你所知，父亲早上去工作，而母亲负责家务和照顾孩子。家务劳动是孩子们很容易了解的事情，因为它总是在他们周围进行，但父亲所做的工作，以及他下班后的爱好，则是一个相对陌生的世界，而这些新奇的事物会扩大孩子们的眼界。

比如，一个熟练的工匠父亲，当他在家让孩子们看到他的手艺，分享那些美丽而有用的东西的制作过程，他的孩子是多么幸福。如果父亲有时加入孩子们的游戏，他一定会带来有价值的新元素，这些新元素可以编织成新的游戏内容。

此外，父亲对世界的广泛了解使他能够知道哪些类型的玩具或仪器可以帮助孩子们玩耍而不妨碍孩子们想象力的自然发展。不幸的是，有些父亲在给小男孩买了蒸汽机之后，太过于喜欢它，因为怕把它弄坏了，都不让孩子使用它，这是父亲把蒸汽机当成自己的游戏，玩得太过火了。

父亲为孩子们做的事情之一，就是在孩子们的幼年时期存在并保持活力。这一简单行为的价值很容易被遗忘。对孩子们来说，与父亲一起生活的经历，观察和了解父亲的为人，是非常有价值的。虽然他们也会将父亲理想化。

我知道有一对男孩和女孩，他们认为自己在20世纪50年代过得很愉快。他们和母亲住在有漂亮花园的房子里，拥有一切必要的东西，甚至更多。他们的父亲在军队里服役。有时，两个孩子会有组织地进行"反社会活动"，几乎把房子拆了。当现在回首往事时，他们看到，这些周期性的破坏爆发，其实是试图召唤父亲，让父亲亲自出面处理，而当时他们并没有意识到。

他们的母亲在丈夫来信的支持下，设法陪孩子们渡过难关；但你可以想象，母亲是多么渴望父亲能回家和她一起生活，这样她就可以在父亲招呼孩子们睡觉时，偶尔坐下来休息一下。

举一个极端的例子。

我认识一个女孩，父亲在她出生前就去世了。由此产生的悲剧是：她只有一个理想化的父亲，她对男人的看法全都基于这个虚假的幻象。她没有被一个真正的父亲轻轻举起、放下的经验。在她的生活中,她很容易把男人想象成理想化的人,这在交往之初的确能把他们的优点发挥出来,但迟早不可避免的是,她认识的每个男人都显示出不完美,每次发生这种情况,她都会陷入绝望的状态,不断地抱怨。

你可以想象,这种模式毁了她的生活。如果她的父亲在她童年时还活着,被她觉得是理想的,但也被她发现有缺点,而且当他让她失望时,她对他的憎恨也能真实地产生,并被自然地接受,那她会幸福得多。

众所周知,父亲和女儿之间有时存在着一种特别重要的联系。事实上,每个小女孩都会梦想自己能站在母亲的位置上,或者无论如何都会有浪漫的梦想。当这种感觉发生时,母亲必须非常理解。有些母亲发现忍受父亲和儿子之间的友谊比忍受父亲和女儿之间的友谊容易得多。然而,如果父亲和女儿之间的亲密关系被嫉妒和竞争的情绪所干扰,而不被允许自然发展,那是非常可惜的;因为小女孩迟早会体会到这种浪漫依恋的挫折感,她最终会长大,以其他途径寻找她想象的结果。如果父亲和母亲之间的关系是幸福的,那么父亲和他的孩子之间的这些强烈依恋就不会被认为是与父母的情欲竞争。如果有兄弟,在这里会是一个很大的帮助,提供了一个从父辈到一般男人的过渡性台阶。

同样众所周知的是,男孩和他的父亲有时会处于对母亲的竞争状态。如果母亲和父亲在一起很开心,这就不需要引起焦虑了。当然,这也不需要干扰父母之间的关系,他们在彼此的相爱中感到安全。小男孩的感觉是最强烈的,所以应该认真对待。

听说有的孩子在整个童年从来没有一次让父亲独自带一整天,甚至半天的经历。在我看来,这是很可怕的。我想说的是,母亲有责任让父亲和女儿，或者父亲和儿子，偶尔一起出去探险。这个举动应该得到所有人的赞赏，这样的活动中，有一些经历将被终身珍藏。

对母亲来说，当她自己很在意伴侣，只愿意丈夫与自己独处时，让她的小女儿和父亲一起出游就特别不容易。当然，她也应该有机会和伴侣单独相处，否则，她不仅会在自己心里积累怨恨，也容易和她的丈夫失去情感上的联结。但有时，如果她能让父亲和孩子们一起出去，或者和其中一个孩子一起出去，她作为母亲和妻子的价值就会大大增加。

因此，如果你的丈夫在家，你很容易发现，花力气帮助他和孩子们相互了解是值得的。你没有能力代替他们建立联系，这取决于父亲和孩子们，但你有能力让他们之间建立联系成为可能。帮助他们还是阻止他们，这个决定取决于母亲。

第十八章 他人的标准和你的标准

我想，所有的人都有理想和标准。每个正在建造房屋的人都有自己的蓝图，知道事情应该怎么做，知道颜色方案，知道家具配置，知道餐桌的摆法。大多数人都知道，如果按照自己的计划，他们会有什么样的房子，他们会住在城里还是乡下，以及值得去看什么样的电影。

当你结婚时，你觉得——"现在我可以随心所欲地生活"。

一个五岁的小女孩正在收集单词，她听到有人说"狗自己回家了，这是它自己的决定"，所以她记住了"决定"这个词。第二天，她对我说："今天是我的生日，所以一切由我来决定。"

好吧，当你结婚时，你可能也会觉得："现在我终于可以按照自己的意愿生活了。"就像这个小女孩的话一样。请注意，并不是说你的意愿一定比你婆婆的好，但它是你的意愿，这就有很大的不同。

如果有了自己的房子，你会以自己喜欢的方式来装饰它，挂上自己选择的新窗帘，然后欢迎朋友进来参观。这其中的关键是：你达到了一种能在自己的环境中表达自己的状态，你的行动力连自己都感到惊讶。很明显，这也是你一生努力的目标。

在初期，如果你能与丈夫躲过一些细节上的争吵，那么你们是幸运的，因为大体说来，布置一个家，很容易产生争执。有趣的是，争论几乎总是从这个是"好的"还是"坏的"开始。真正的麻烦是意愿的冲突,就像那个小女孩说的:谁来决定。

如果你选择了一块地毯,为它在拍卖会上讨价还价,那么这块地毯对你来说是好的;如果你丈夫也选择了它,从他的角度来看也是好的。但是两人怎么会同时选择了它呢?好在恋爱中的人经常发现,他们的"意愿"在某种程度上会重叠一段时间,所以这在一段时间内是没有问题的。

过了这段时间,解决争端的一个办法是达成协议。也许没有非常清晰的分工,但妻子按自己的方式管理家庭,而男人用自己的方式工作。大家都知道,英国人的家就是他妻子的城堡。在家里,男人喜欢让他的妻子负责,认同这个家。可叹的是,很多时候,与妻子在自己家里的独立性不同,很多男人在工作中没有任何的"独立性"可言。很少有人觉得自己的工作有意义,而且这种状况愈演愈烈,工匠、小店主和地位不高的男人都有这种被困境淹没的倾向。

在我看来,谈论女人不想做家庭主妇其实是忽略了一件事,那就是:除了她自己的家之外,没有其他地方能让女人拥有这样的权利。只有在她自己的家里,她才能自由地展示自己,找到自己的全部。因此这一点很重要:当她结婚时,她应该能有一套公寓或房子,这样她就可以避免捉襟见肘,在实施自己意愿时触到她的近亲的禁忌,或者伤害她的母亲。

说了这么多,我是想告诉大家,当一个婴儿想用自己的方式存在时,一定是很困难的。因为婴儿就是这样:如果按婴儿自己的方式行事,就等于把计划弄得乱七八糟,毫无逻辑。应该没有人说,如果计划被打乱也没关系。对于年轻母亲新获得的独立和她自主安排的事情来说，计划既是保障，也是一种尊重。

有些妇女并不热衷于要孩子。如果婚姻并不意味着她可以建立自己的个人势力范围，那么婚姻对她们来说就失去了很大一部分价值。

好吧，假设一个年轻的妻子刚刚设法安排好自己的家庭，而且她正为此自豪，庆幸自己正在成为自己命运的主人时：她怀孕了。她可能不会把婴儿当成对她新获得的独立的威胁，因为那时有太多其他的事情要考虑。"有一个孩子"的想法，是令人兴奋的、有趣的和鼓舞人心的，她觉得婴儿可以按自己的计划来培养，并在她的影响范围内快乐成长。毫无疑问，她也认为婴儿会从家庭获得一些观念和行为习惯，这些都很不错，也是正确的。

然而，还有更多重要的事情要说。

几乎从一开始，每个婴儿都有自己的想法；如果你有十个孩子，你不会发现有两个相同的，尽管他们都是在同一个家里长大。十个孩子会在你身上看到十个不同的母亲。同一个孩子，有时认为你是可爱和美丽的，但在光线不好的时候，或者晚上做噩梦的时候，如果你进入他的房间，他就可能把你当成一条龙或一个巫婆，或者其他可怕的、危险的东西。

问题是，每个新降生的孩子都会带着他自己的世界观，需要控制他的那点世界，因此每个新来的孩子都是对你的设置、你精心构建和维护的事物秩序的威胁。如果你非常重视自己的方式，我为你感到遗憾。

让我来试着帮帮你。我认为这种情况下，出现的一些困难来自这样一个事实：你倾向于认为，你喜欢的东西是正确的、好的、恰当的、最聪明的、最安全的、最快捷的，等等。毫无疑问，你这样想，一定是有道理的，当涉及具体技能和对世界的了解时，孩子肯定无法与你相抗争。

但实质性的一点是：并不是因为你的方法是最好的，而是因为它是你的，所以你喜欢它并信任它。这就是你想主导一切的真正原因。

为什么不应该呢？房子是你的，这是你结婚的原因——或者一部分原因。还有，只有你把所有的钱都掌握在自己手中时，才能感到安全。是的，你有权利要求你家里的人符合你的标准，"按你决定的方式"摆放早餐，先礼后兵，不说脏话；但你的权利是基于这是你的家，这是你的方式，而不是因为你的方式是最好的——尽管它也可能是。

你的孩子会期望你明白自己想要什么，你相信什么，你的信仰将影响他们，他们也将或多或少地参照你的标准。但同时，这也是问题的关键：

孩子们自己也有自己的信仰和理想，而且他们会主动寻求自己的秩序与规范。孩子们不喜欢永远的糊涂或永远的自私。你能看到，如果你一心想着在家里建立自己的权利，而不允许你的婴儿和孩子给自己创建一个属于他自己的、有自己的道德准则的小世界，这一定会伤害孩子。你同意我的观点吗？

如果你对自己有足够的信心，我想你会认真考虑，能在多大程度上让每个孩子在你的影响范围内，以他自己的冲动、计划和想法来支配这个场景。比如小女孩说："今天是我的生日，所以一切都由我说了算。"这并不会导致混乱；它只会导致一个与其他日子不同的安排，这个与众不同的日子是由孩子而不是由母亲、护士或女教师创造的。

当然，这就是母亲在婴儿刚出生时通常做的事情。由于不能完全听从婴儿的召唤，她就每隔一段时间给婴儿喂一次奶。这是最次要的事情，比它更重要的是，她常常成功地给婴儿一个短暂的幻觉，在这个幻觉中，婴儿并没有认识到梦中的乳房不能满足他，不管这个梦多么可爱。他不能因为梦中的乳房而长胖。

也就是说，乳房必须是属于母亲的，母亲是外在的，是独立于他的。也就是说，婴儿仅有想吃奶的想法是不够的；母亲也必须有想喂他的想法。认识到这一点对孩子来说是一项艰巨的任务，而母亲可以保护她的婴儿不至于太早或太突然地幻灭。

起初，婴儿是被重视的。如果他因为需要食物或因为不舒服而哭闹，母亲会中断一切按部就班的事情，转而满足他的需求，而且尽可能允许他冲动，例如，只要他自己愿意，不需要其他理由，他就可以把东西弄得一团糟。

从婴儿的角度来看，当母亲变得严格起来时，这似乎是一个奇怪的变化——母亲有时突然变得严格，因为她被邻居们的话吓坏了，并开始听从建议，对婴儿进行所谓的"排便训练"，直到她使婴儿符合她的清洁标准，才会罢休。如果她的孩子放弃了其宝贵的自发性和宝贵的冲动性，她就认为自己做得非常好。

事实上，太早和太严格的清洁习惯和排便训练往往会使孩子的成长误入歧途。一个六个月大的干净孩子会变得蔑视或强迫性肮脏，而且非常难以重新训练。幸运的是，在许多情况下，孩子会找到一条秘密的出路，自发性和冲动性的希望并没有完全丧失；自发性只是隐藏在诸如尿床的症状中。比如，作为一个不必清洗和晾晒床单的旁观者，我很高兴地发现，一个相当专横的母亲的孩子尿床了。他用这种方式坚持自己的观点，虽然他并不知道自己在做什么。

对母亲来说，如果能保留孩子宝贵的自发性和宝贵的冲动性，回报是巨大的，因为她在保留自己的价值观的同时，可以等待孩子自己的价值观的正常发展。

如果你愿意让每个孩子都有空间发展自己的自主权，在你的支配权和他的支配权之间会有冲突时，你就会帮助他。这是很自然的，这比以"你最了解孩子"为由，把自己的意愿强加给他要好得多。你有一个更好的理由——你喜欢自己的方式，所以允许他也可以有自己喜欢的方式。

让你的孩子拥有房间的一个角落、一个柜子或一点墙壁，这是属于他的，他可以根据自己的心情、喜好和心血来潮来捣乱或整理或装饰。每个孩子都有权利在家里有一点儿属于他自己的地方，他也有权利每天有一点儿你的时间（和一点儿爸爸的时间），他可以依靠这些时间，在这期间，让你在他的世界里。

当然，也不需要走到另一个极端：当一个母亲自己没有够分量的个人生活方式，却让她的孩子拥有所有的自主时，不会有人——无论是父母还是孩子——会感到幸福。

第十九章 "正常孩子"是怎样的孩子？

我们经常谈论困难儿童，并试图对他们的困难进行描述和分类；我们也谈论正常、健康的孩子，但描述一个正常的孩子要难得多。

当谈论身体时，我们很清楚"正常"是什么意思。身体正常的意思是：孩子的发育处于这个年龄孩子的平均水平，而且没有身体疾病。我们也知道，智力正常是什么意思。但是，一个拥有健康身体和正常甚至超正常智力的孩子，其人格可能离正常很远。

我们可以从行为方面着手，将一个孩子与其他孩子进行比较，但是否能根据孩子的行为而给他贴上不正常的标签？我们对此犹豫不决，因为在正常情况下，同一个行为，其背后的原因存在着很大的差异。比如，一个孩子饿了就哭。问题是，这个孩子的年龄是多少？一岁的孩子饿了就哭，这很正常。一个十岁的孩子饿了就哭，那就不能算正常。再比如，一个孩子从他母亲的袋子里拿了一个硬币。同样，孩子在什么年龄段？很多两岁的孩子有时会这样做。或者，我们观察两个孩子，他们都表现得好像等着被打；其中一个案例中，这种恐惧没有现实基础，而在另一个案例中，孩子总是被家里人打。又或者，一个孩子三岁了，还在用母乳喂养，这在英国是非常不寻常的，但在世界的另一些地方，这就是习俗。

因此，仅仅通过比较一个孩子和另一个孩子的行为，我们无法判断什么样的孩子是"正常"的孩子。

每个父母都关心孩子的性格成长是否正常，情感能力是否在以健康的方式发展。孩子的聪明并不能弥补人格上的缺陷。如果孩子的情感发展在某些地方出现了问题，那么每当某些情况出现时，孩子就必然会回到过去，表现得像个婴儿或小孩子一样。例如，如果一个人一遇到挫折就变成一个讨厌的人，或者冲动得不可自制，我们就说他表现得像个孩子。一个"正常人"会有其他处理挫折的方法。

个体的正常发展，是有其积极意义的。我们从婴儿开始说起。

首先我们要承认，婴儿的需求和感受是非常强大的。必须把孩子看作一个人，一开始就有人类所具有的强烈感受，尽管他与世界的关系才刚刚开始。人们采取各种手段，试图找回属于他们自己的婴儿期和幼儿期的感觉，这些感觉之所以宝贵，就是因为它们如此强烈。

根据这个假设，我们可以把幼儿期看作一个逐步建立信仰的过程。对人和事的信念是通过无数次的良好体验一点一点建立起来的。这里的"良好"是指足够令人满意，是指需求或冲动得到了满足和证明。这些好的经历与坏的经历相比较，"坏"是我们在愤怒、憎恨和怀疑出现时使用的词，因为它们不可避免地会出现。

每个人都必须为自己找到一个地方，在那里能建立起本能冲动的系统并进行运作；每个人都必须在分配给他的特定世界里发展出一种与这些冲动相处的个人方法：这并不容易。事实上，这就是我要向人们指出的，关于婴儿和儿童的主要问题：婴儿和儿童的生活是不容易的，即使它有各种各样的好东西，但也不存在没有眼泪的生活，除非孩子已经放弃了自发性的发展，只是机械地遵守规矩。

从这个事实来看，生活本来就是困难的，没有一个婴儿或儿童可以避免这些困难,其证据就是:每个人身上都会有一些症状,其中任何一个症状,在某些条件下,都可能是疾病的前兆。即使是在最仁慈、最善解人意的家庭中生活、成长,也不能改变普通人的发展是艰难的这一事实。事实上,一个完全适应的家庭也是难以忍受的,因为无法通过合理的愤怒来缓解焦虑或恐惧。

因此,我认为"正常"这个词有两种含义。一种是对心理学家有用,因为他需要一个标准,而且他把所有不完美的东西都称为不正常;另一种是对医生、父母和教师有用,他们用它来描述一个最终可能成长为社会中令人满意的成员的孩子,尽管在这个孩子身上也存在一些症状和不恰当的行为。

例如,我知道一个早产的男婴,他有十天不吮吸母乳,所以他的母亲不得不把奶水挤出,装在奶瓶里给他喝。医生会说这是不正常的。的确,对足月儿来说,这是不正常的;但对早产儿来说,这是正常的。

事实上,当时间发展到这个孩子应该足月出生的那天时,他就开始吃奶了,尽管速度很慢,而且只能按照他自己的速度。从一开始,他就对母亲提出了非同寻常的要求,母亲发现只有跟着他的节奏,让他自己决定什么时候开始,什么时候结束,她才能成功。在整个婴儿期,他对每一件新事物都大喊大叫,而让他使用一个新杯子、新浴缸或小床的唯一方法就是反复地给他,然后不断等待,直到他转变态度,开始使用它。

在心理学家看来,他需要自主的程度过于强烈,这意味着不正常,但是,由于他有一个愿意随顺他的母亲,我们仍然可以称这个孩子为正常。能进一步证明他遇到了困难的证据,是这个孩子出现了非常强烈的尖叫,在这种情况下,他无法得到安慰,唯一能做的就是把

第十九章 "正常孩子"是怎样的孩子?

他留在小床上,然后其他人在附近等待他恢复过来。在发作时,他不认识他的母亲,所以她对他没有任何用处,直到他开始恢复,她才再次成为他可以使用的母亲。

孩子被送到心理学家那里进行特别诊断,但是当母亲在等待预约的时候,她发现孩子和她一起变得能够理解对方而不需要其他人的帮助。心理学家让他们按自己的节奏去做,他虽然在孩子和母亲身上发现了异常,但他宁愿称他们为正常人,并让他们通过自己的自然资源从困境中恢复,这对母亲和孩子来说都是非常宝贵的经验。

就我自己而言,我会这样描述正常儿童:一个"正常的孩子"会使用自然界提供的所有装置,来抵御焦虑和不可容忍的冲突。当然,孩子所采用的手段(在健康方面)与可获得的帮助类型有关。

而"异常"则表现为儿童运用症状的能力存在一定程度的限制和僵化,而且在症状和可预期的帮助方式之间相对缺乏关联。当然,我们必须考虑到这样一个事实:在最早的婴儿期,孩子判断需要什么类型帮助的能力很弱,而且相应地需要母亲的密切观察和积极适应。

以孩子尿床为例,这是一个很常见的症状,大多数父母都遇到过。如果孩子通过尿床对严格的管理方式提出有效的抗议,坚持个人的权利,那么这种症状就不是一种疾病;相反,它是一种迹象,表明孩子在受到某种程度的威胁时,仍然希望保持个性。在绝大多数情况下,尿床是正常的,只要假以时日,加上正常的良性管理,孩子将能够摆脱这种症状,并采用其他方法来坚持自我。

拒绝进食是另一个常见的症状。孩子拒绝进食是绝对正常的。我先假设,你提供的食物是好的。问题在于,孩子不会总觉得食物是好的。他这么觉得,是理所当然的。正因为孩子不可能觉得所有食物都好,他才会最终发展出喜欢和不喜欢的能力,就像我们所有人一样。

当然，在这个过程中，充裕的时间和平静稳定的照料模式很重要。

这些通常被孩子采用的手段，我们称之为症状。我们说，一个正常的孩子能够在适当的情况下出现任何类型的症状。但是对于一个生病的孩子来说，并不是症状造成了麻烦；而是症状没有发挥它们的作用，因此对孩子和母亲都是一种困扰。

所以，尽管尿床、拒食和各种其他症状可能都是需要治疗的严重迹象，但它们不一定都是病态的。事实上，那些正常的儿童一样被证明有这样的症状，而出现这样症状的原因，仅仅是因为生活本身就是困难的，对每个人来说都是这样——从一开始就有内在的困难。

这些困难来自哪里呢？

首先，存在两种现实（也可以称之为两个世界），这两种现实之间有着根本冲突。一种现实是每个人都可以感知、分享的外部世界，另一种现实是每个个体内心世界的感觉、想法和幻象。

从出生开始，每个婴儿就不断被引入外部世界。早期的喂养经验中，内外两个世界是彼此映照的：主观意愿与事实相比较；期待的东西与提供的东西相权衡；欲望与依赖另一个人的意志和愿望而存在的东西相权衡……这两个世界总是不能完全吻合，由此产生了一个困境。

在整个生命中，始终存在着与这种基本困境相关的苦恼。即使是最好的外部现实也有令人失望的部分，因为它并不完全符合想象。尽管在某种程度上它可以被操纵，但它并不总在魔法的控制之下。

摆在那些照顾小孩子的人面前的主要任务之一，是如何尽可能简化这些随时出现在孩子面前的问题，帮助孩子实现从幻觉到幻灭的痛苦过渡。婴儿期的大部分尖叫和发脾气都是围绕着这种内在世界和外在现实之间的拉锯战进行的，而这种拉锯战就是彼此妥协的过程，必须被视为正常。

这个幻灭过程的一个特殊贡献，就是儿童发现了即时冲动的快乐。不过，如果孩子要长大，要与群体中的其他人建立关系，就必须放弃许多自发性的快乐。然而，自发性是没有可能被放弃的，因为它与生俱来，是先天所赋予的。而对母亲来说，要确保每个婴儿在学会权衡之前，接收到足够多的爱，是多么困难的一件事啊！在这种痛苦的学习中，出现冲突和抗议的确是我们可以预料到的。

主观与客观两种现实之间的矛盾之外，产生困难的第二个原因，是婴儿有一个可怕的发现：随着兴奋，会产生非常具有破坏性的想法。在母亲喂食时，婴儿很可能会有一种冲动，想毁掉一切美好的东西、食物以及给他提供食物的人，这是很可怕的。当婴儿认识到自己得到的食物和照料后面，存在着一个"人"时，就会逐渐变成这样，或者说，孩子会非常喜欢那个在喂食时出现的人，就像喜欢得要将那个人摧毁或用完似的。与此相伴的是一种焦虑：如果所有东西都被毁掉、用完了，什么都不剩了，如果饥饿感再次出现，会发生什么？

那么孩子会怎么做呢？有时孩子会停止对食物的渴望，从而减少焦虑，获得心灵的平静，但却失去了一些宝贵的东西——没有渴望，也就不可能得到充分的满足感。在这里存在一个症状：对贪婪欲望（贪吃）的健康抑制。只要在某种程度以内，我们就将它称为正常。

想方设法试图避开这一症状的母亲们，如果知道这些让她们大惊小怪的问题是怎么回事，她就不会那么容易惊慌失措，就能在对孩子的照料中玩得很开心，这才是有利的。人类的婴儿和儿童处理事情的潜力是很奇妙的，因为一直有个负责任的家伙在冷静地、持续地自然运行。

所有这些只涉及婴儿和母亲之间关系的早期阶段，时间很短，转瞬即逝。在这个阶段之外，随着成长，会出现一些新的问题：孩子认识到还需要对付父亲。我们在孩子身上注意到的很多症状，都与这一因素有关。当然，我们并不是希望在这个阶段父亲不出现。虽然各种症状都可能是孩子对父亲的嫉妒或爱的结果，或者是很多情绪相混合的感情，但都比孩子没有机会和父亲相处更好。

对于一个家庭来说，新的孩子的到来，必然会引起不安，但这也是可庆幸的变化，而不是可悲的。

孩子的成长真是有说不完的话题，而我不能提及所有的事情……孩子很快就开始创造一个属于自己的内心世界，在这个世界里，战斗的结果有失败也有胜利，在这个世界里，魔法占据了主导地位。从儿童的图片和游戏中，你会看到这种内心世界的一些表征，这些表征值得父母认真对待。

内心世界对孩子来说，似乎也需要一个位置，它们看起来是存在于身体里，因此，我们必须明白，孩子的身体也参与了魔法。例如，各种身体疼痛和身体不适将伴随着内心世界的紧张和压力而出现。在试图控制内在世界的过程中，孩子会出现疼痛，或者会做出神奇的手势，或者像着了魔一样跳来跳去，我不希望你在处理自己孩子的这些"疯狂"举止时，认为孩子生病了。

你必须接受一个事实：孩子会被各种真实和想象中的人、动物和事物附身，有时这些想象中的人和动物会来到外面的世界，所以你必须假装你也看得到它们，除非你想要求孩子在还是孩子的时候就长大成人——这会造成巨大的混乱。你不得不欢迎这些想象中的玩伴，而这些玩伴对你的孩子来说是完全真实的。它们来自内心世界，但由于某些很好的原因，暂时被保留在人格之外。对此，你不要感到惊讶。

前面说了这么多，与其继续试图解释为什么生活总是困难的，不如以一个友好的提示来结束这个话题。孩子的游戏能力是一个很好的检验标准。有些孩子在独自玩耍时，可能出现一两个症状。但是如果一个孩子能够享受玩耍，无论是单独玩耍还是与其他孩子一起玩耍，这个孩子就不会有太严重的麻烦。

如果孩子在游戏中运用了丰富的想象力，并且从对外部现实的准确感知中获得了快乐，那么你就可以放心。即使这个孩子尿床、结巴、发脾气，或者反复遭受抑郁症，你也不用太担心。因为孩子的游戏状态表明：这个孩子有能力在合理的、良好的、稳定的环境下，发展出适合自己的生活方式，并最终成为一个完整的人，作为一个人被需要，并受到整个世界的欢迎。

第二十章　独生子女

我将讨论那些虽然生活在正常的家庭里，但没有兄弟姐妹的孩子——独生子女。我想讨论的问题是：独生子女与多子女家庭中的孩子相比，在哪些方面存在重大差异。

现在，当我环顾四周看到这么多独生子女时，我意识到，只生一个孩子一定有非常好的理由。在许多情况下，父母会不惜一切代价拥有一个大家庭，但某些事情可能使这个愿望无法实现；也有一些家庭，他们有意计划只生一个孩子。我想，如果有人问为什么一个家庭只生一个孩子，他们通常给出的理由是：这是一个经济问题。

养育婴儿无疑是一项很大的家庭开支。我认为，在家庭财务方面，建议父母忽视这个因素是非常不明智的。我们都知道，英国有大量合法的和非婚生的婴儿分别被分散在各地，他们的父亲和母亲太没有责任感了，这种责任感使年轻人在开始建立大家庭之前自然会犹豫不决。如果人们喜欢从钱的角度来谈，那也请便，但实际上我认为，身为父母的他们所怀疑的，是他们是否有能力养活一个大家庭而不失去太多的个人自由。

如果养两个孩子对母亲和父亲的要求真的是养一个孩子的两倍，那么成本是可以提前计算好的。但也有人怀疑，养几个孩子的负担是否真的比养一个独生子女的负担大得多。

第二十章 独生子女

请原谅我称孩子为负担。孩子的确是一种负担，如果他们带来快乐，那是因为他们被需要，而父母已经决定承担这种负担；当然，已经同意了就不叫负担，而叫孩子。有一句俗话："愿你所有的麻烦都是小麻烦！"如果我们过于焦虑地谈论孩子，人们就会完全放弃生孩子；母亲当然可以享受清洗和修补的乐趣，但我们不要忘记：如果没有孩子，那这些工作和无私奉献的意义何在？

作为独生子女，孩子可以得到一些毋庸置疑的好处。比如，父母全身心地投入到一个孩子身上，这意味着他们能集中资源做出更好的安排，让这个孩子有一个复杂程度相对比较低的婴儿期。也就是说，婴儿可以从母婴之间最简单的关系开始，而世界可以从这一点逐渐发展出复杂性，其速度不会超过发展中的婴儿所允许的限度。

这种简化的环境可以给人一种稳定感，它能成为整个生活中的一个重要支柱。当然，我还应该提到其他重要的事情，比如父母可以很容易地给他们的独生子女提供充裕的食物、衣服和教育。

现在让我谈谈独生子女的缺点。作为独生子女的明显缺点是缺乏玩伴，以及缺乏丰富的人际交往经验，而这种经验最初是从孩子与哥哥姐姐的各种互动中产生的。在孩子的游戏中，有很多东西大人无法体会到；即使他们愿意理解，也无法像孩子希望的那样长时间地进入其中。事实上，如果只有大人和孩子一起玩，孩子玩耍时就会明显变得疯狂。因此，如果没有其他孩子，孩子就会在游戏中发展得不够自然，并错失儿童所独有的无序、不负责任和冲动的乐趣。独生子女大体上更趋于早熟，喜欢在大人的陪伴下交谈，帮助母亲打理家务，或使用父亲的工具。缺乏同伴的玩耍会变得呆板、单调且傻气。可如果一起玩耍的全是孩子，他们就有无限的能力来发明游戏细节，可以一直玩下去而不知疲倦。

但我认为还有更重要的事情。对孩子来说，经历新兄弟或姐妹进入家庭的过程是很有价值的。当然，我不能过分强调这种经历的价值。怀孕是生命萌发的过程，一个孩子如果没有机会看到母亲的变化，没有机会发现自己无法在母亲的腿上舒服地坐着并逐渐明白其中的原因，没有在新的婴儿出现和母亲同时恢复正常的过程中得到他所知晓的秘密的具体证据，那么他就错过了很多成长的体验。

我认为，每一个错过这种经历的孩子，以及从未见过母亲给小婴儿哺乳、洗澡和照料的孩子，在体验上，都不如见证过这些事情的孩子富有。某种意义上，小孩子也像大人一样希望有婴儿，但这不可能，玩偶娃娃只能部分地满足他们。但如果他们的母亲有了新的小婴儿，那么这个小婴儿也就如同代替物，就像小孩自己有了孩子一样。

与兄弟姐妹众多的孩子相比，独生子女特别缺乏仇恨的经验；因为他们的世界里没有新的婴儿威胁到他们的地位和稳定的父母关系。当一个孩子因为新生命的诞生而感到不安时，这是很正常的。所以孩子们对新婴儿的评论通常很不礼貌："他的脸像个西红柿。"

事实上，如果孩子在新生儿出生时直接表达厌恶，甚至是激烈的仇恨时，父母应该感到宽慰。新的婴儿会逐渐发展成为一个人，这种厌恶也将逐渐让位于爱，小婴儿可以被玩弄，并且可以让大孩子感到骄傲——虽然大孩子的第一反应可能是恐惧和仇恨，或者是有把新婴儿扔进垃圾箱的冲动。

我认为，对孩子来说，从发现新的弟弟或妹妹，到希望小婴儿离开，再到几周之后对小婴儿开始产生爱，这是一个非常宝贵的经验。对所有的孩子来说，成长过程中一个很大的困难，就是如何合法、恰当地表达仇恨，而独生子女则相对缺乏表达其天性中攻击性的机会。这是一件很严重的事情。一起长大的孩子们玩各种游戏，因此有机会表达和接受自己的攻击性，有机会自己发现一些很宝贵的东西，比如当真的伤害了自己所爱的人时，他们会耿耿于怀。

另外，新生儿的到来也意味着父亲和母亲在性方面仍相互吸引并喜欢对方。通过新生儿的到来，父亲和母亲之间的关系得到了确切的证明；对孩子们来说，他们能够感受到母亲和父亲的关系稳定，可以维持家庭生活的结构，我认为这一点始终至关重要。

与独生子女相比，多子女家庭还有一个优势。在一个大家庭中，孩子们有机会相互扮演各种不同的角色，这一切都为他们在更大的群体中生活并最终走向世界做了准备。独生子女如果没有很多表兄弟姐妹，随着年龄的增长，他们会很难随便认识其他男孩和女孩。独生子女一直在尝试建立关系，这往往会吓跑偶然认识的人。而大家庭的成员则习惯于认识他们兄弟姐妹的朋友，当他们到约会年龄时，他们对人际关系有了大量的实际经验。

父母当然可以为独生子女做很多事情，而且许多人宁愿尽其所能，但他们也会受到影响。特别是在战争时期，他们必须非常勇敢地让自己的孩子去打仗，尽管从孩子的角度来看，这可能是唯一应该做的事。男孩和女孩需要冒险的自由，如果他们不能这样做，对他们的成长来说是一种严重的挫折，但因为他们是独生子女，如果他们自己受到伤害，就可能对父母造成很大的伤害，因此他们也失去了冒险的机会。

还有一个事实是：一个男人和一个女人会被他们带到世界上养育的每一个孩子所充实。

随着孩子长大，还会出现对父亲和母亲的照顾问题。有几个孩子的家庭，大家可以分担对父亲和母亲的照顾。显然，独生子女的压力就更大一些。也许父母应该提前考虑到这一点。他们有时会忘记，当他们照顾孩子的时候，孩子会很快就长大，但孩子需要照顾父母（而且愿意这样做）二十年或三十年，甚至更久；总之，这是一个不确定的时期。

如果有几个孩子分担对年迈父母的照顾，那么这件事就更容易一些，并在彼此分担的照料中保持长久的天伦之乐。有时会有这种情况：已婚人士不能想生几个孩子就生几个孩子，因为他们对年老或生病的父母负有巨大的责任，而且没有足够多的兄弟姐妹分担这项工作，因此他们也很难从照顾父母中得到乐趣。

你可能已经注意到，我讨论独生子女的优势和劣势时，前提是孩子是一个健康正常的个体，有一个正常的良好家庭。显然，如果考虑到不正常的情况，可以说的更多。例如，如果父母已经有了一个迟钝孩子，他们就特别需要考虑：如果孩子多了，会不会非常难以管理，或者其他孩子是否会因为一个难相处的孩子而受到伤害。

还有一种情况是：孩子的父母在某种程度上存在疾病，无论是身体上还是心理上。例如，有些母亲和父亲总是抑郁，或者他们对世界如此恐惧，以至于把自己的家建立在对世界充满敌意的基础上。

出生在这种家庭的独生子女必须独自面对、独自处理这些问题。一位朋友对我说："对我来说，有一种奇怪的封闭感；也许太多的爱、太多的关注、太多的占有欲使我感到，我是与父母关在一起，而这类父母在很久以前就幻想他们是一个人的世界的全部。对我来说，这是作为独生子女的最糟糕的部分。我的父母在这件事上表现得很明智。他们在我几乎不能走路的时候就送我去学校，并让我与隔壁的孩子们住在一起，但家有一种奇怪的吸引力，似乎家庭关系比其他人更重要。如果家里没有一个自己的同龄人，孩子就会有一种不切实际的自豪感。"

你会发现，在我个人看来，赞成大家庭的理由比赞成独生子女的理由更多。然而，拥有一个或两个孩子并为孩子尽心尽力，比不切实际地要很多孩子，结果又没有体力和情感来应付要好得多。

如果一个家庭只有一个孩子，而不是更多，请记住，可以邀请其他人的孩子到家里来，可以很早就开始。两个小孩子互相敲打对方的头，并不意味着他们不应该见面。在没有其他孩子的时候，可以养狗和别的宠物，还可以通过托儿所和幼儿园来给孩子找到同伴。

理解了作为独生子女的巨大缺点，就可以在一定程度上克服这些缺点——只要父母有克服这些缺点的意愿。

第二十一章 双胞胎

关于双胞胎，首先要说明的是，它们是完全自然的现象，真的没有什么好感伤的，也没有什么好矫情的。我知道很多母亲喜欢生双胞胎，我也知道很多双胞胎喜欢做双胞胎。但几乎所有的母亲都说，如果有人问她们的决定，她们不会选择双胞胎；而双胞胎自己，即使是那些看起来对自己的命运相当满意的人，通常也会告诉我，她们更愿意选择一次一个地降生。

双胞胎有他们的特殊问题需要解决。作为双胞胎有好处，也有坏处。我能提供的帮助，不是告诉你该怎么做，而是提醒你一两个主要的困难。

有两种不同的双胞胎。两种双胞胎所面临的问题不完全相同。

你知道每个婴儿都是从一个微小的细胞，即受精卵发育而来的。卵子一受精就开始生长，一个分裂成两个，两个分裂成四个，四个变成八个，这样不断裂变，直到由数以百万计的各种类型的细胞组成新的个体。它们相互关联，是一个统一体。

有时，在新受精卵第一次分裂成两个细胞后，两个细胞会分别分裂，然后独立发育，这就是同卵双胞胎的开始：同卵双胞胎的性别总是相同的，他们通常在外观上非常相似，至少在开始时是这样。

另一种双胞胎则是由碰巧在同一时刻受精的两个卵子分别发育而

来。在这种情况下,两个卵子在子宫内并排生长。这种双胞胎不一定性别相同,也不一定长得很像,就像其他兄弟姐妹一样。

看着双胞胎,我们很容易感觉到,孩子们彼此有同伴,永远不会孤独,这一定是一件好事,特别是随着两人年龄的增长,这个趋势会越来越明显。然而也存在一个问题。为了理解这一点,我们必须来细看一下婴儿的成长方式。

在正常的良好管理下,婴儿出生后,会迅速开始形成他们的人格和个性,并发现自己的重要性。我们都喜欢无私和宽容,并希望在我们的孩子身上找到这些美德,但是,如果我们研究婴儿的情感发展,就会发现,无私只有建立在充分满足了自私的基础上,才能以健康和稳定的方式出现。可以说,如果没有初级自私的充分满足,孩子的无私就会被怨恨所堵塞。

这种根本性的自私不过是婴儿对好母亲的体验。一个好母亲一开始就愿意尽可能地适应婴儿的欲望,让婴儿的冲动主宰局面,并有等待婴儿的能力,允许他的观点随时间推移而发展。在开始时,母亲必须能够给婴儿以足够的占有感,让他体验到对她的控制,感受到她是为自己的存在而创造的。母亲自己的私人生活一开始并不强加给婴儿。有了骨子里的初级自私被满足的经验后,婴儿才能变得不自私,不会有太多的怨恨。

众所周知,每个孩子都会发现新孩子的到来是一个复杂的问题,有时还是一个相当严重的问题。通常,当婴儿出生时,每个小生命都需要花一些时间才能逐渐认识到,他的母亲还有照料其他人的权利。

如果孩子在一岁时不能体会到与其他孩子相处的好处,没有一个母亲会担心,因为甚至两岁的孩子一开始也是互相打骂而不是一起玩要。事实上，每个婴儿都有自己欢迎兄弟姐妹的时间，这是一个重要的时刻，一个小孩子这时可以真正地"允许"他的母亲重新怀孕。

而现在，双胞胎的两个孩子除了发展"允许家庭增加成员"的意愿之外，还要同时应付另一个婴儿来抢夺母亲。双胞胎是否觉得他们一开始就拥有了母亲，这一点非常重要。与只照顾一个婴儿的母亲不同，双胞胎的母亲要把自己的全部精力同时分给两个孩子。在某种程度上，她必然会失败，只能满足于尽力而为，并希望孩子们最终能找到自己的优势，以弥补双胞胎状态这一固有的缺点。

一个母亲不可能同时满足两个婴儿的直接需要。例如，她不可能同时照顾两个孩子中的每一个，无论是给他们喂食，还是给他们换尿布，或者给他们洗澡。她可以非常努力地做到公平，如果她从一开始就认真对待这件事，就会得到回报，但这并不容易。

事实上，她会发现她的目标不是对待每个孩子都一样，而是把每个孩子都当成唯一的孩子。也就是说，从双胞胎出生的那一刻起，母亲就要努力找到婴儿之间的差异。在所有人中，必须是她迅速地知道两个孩子的不同，不管是通过皮肤上的一个小印记，或其他一些技巧来区分。当她发现两个婴儿的性格差异时，她需要迅速将两个不同的整体人格与婴儿分别联系起来，让每一个婴儿都发展出自己的个人特征。

关于双胞胎的成长，很多困难是由于他们总不被承认彼此是不同的，即使他们存在明显差异。人们这么认为，有部分原因是觉得这样有趣，还有部分原因就是没有人认为这项任务值得费心。

我知道有一个很好的家庭，有一对双胞胎女儿，女主人从来没有设法区分这两个女孩，尽管这两个女孩有明显不同的个性，而且其他孩子区分她们两人没有任何困难。

女主人习惯把两个女孩都称为"双胞胎",自己照顾一个,把另一个交给护士,这不是好的解决办法。你可能因为一些理由不得不与别人分担照顾孩子的工作,比如身体状况不好;但这样的处理,你只是在引发矛盾并推迟它们的爆发,因为总有一天,你交出去的那个孩子会非常嫉妒你保留的那个,即使帮助母亲的协助者给予了被交出去的孩子更好的母爱。

双胞胎的母亲会同意这个观点:即使双胞胎有时喜欢被误认为是对方,但他们需要自己的母亲毫无困难地认出每个人的身份。至关重要的,是在每一种情况下孩子们本身都不应该有任何混淆,为此,在他们的生活中必须有某个人对他们相当清楚。

我认识的一位母亲有一对同卵双胞胎,外人看来两个孩子完全一样,但他们的母亲根据他们的性情从一开始就区分出来了。在第一周,这位母亲穿了一件红色的披肩——这个因素增加了她的喂养过程的复杂度。双胞胎中的一个对此有反应,只顾注视着披肩——也许是注视着它明亮的颜色——而对乳房失去了兴趣;而另一个却没有受到披肩的影响,照常吃奶。

在这之后,母亲不仅感觉到这两个孩子是两个不同的人,也结束了他们平行、无差别的生活经历。这位母亲解决了谁先喂食的问题:她按时准备好食物,先喂看起来更急的婴儿。这很容易通过哭声来做出判断。

当然,我并不是说这种方法适合所有情况。养育双胞胎最主要、最复杂的问题,是对每个人的个性化照料,以便让每个人的整体性和一体性得到充分承认。即使有完全相同的双胞胎,也需要他们的母亲对每个人有一个完整的关系。

我刚才谈到的那位母亲告诉我，她发现把一个婴儿放在前院睡觉，另一个放在后院是个好主意。当然，你可能没有两个花园，但你也许可以通过某种类似的方式来安排，这样，当一个婴儿哭的时候，你就不会让两个都哭了。从母亲的角度来看，让两个人同时哭不仅是一种遗憾，也难以处理。在哭的时候，婴儿喜欢主宰场面。在婴儿早期的自然独裁阶段，有一个对手是令人抓狂的，我知道这种事情的影响会一直持续双胞胎的一生。

关于同卵双胞胎，如果说他们是一样的，他们合起来就是一个人，这样说是荒谬的。他们是相似的，但不是相同的；危险在于人们总是会把他们当作相同的。正如我所说的，如果人们这样做，双胞胎自己会对自己的身份感到困惑。

双胞胎婴儿确实容易对自己的身份感到困惑。如你所知，孩子们在牙牙学语相当长一段时间之后才会使用代名词。他们说"母亲"和"爸爸""更多""狗"，比他们说"我""你""我们"更自然。当双胞胎坐在婴儿车里时，很有可能他们都认为对方不是一个独立的人，他们不会说（用婴儿的语言）"对面的人你好，你是我的双胞胎兄弟"，而是认为那是他自己（就像照镜子一样）。当一个人被抱出婴儿车时，另一个人就会感到失落，觉得自己上当受骗了。

这是任何双胞胎都一定会遇到的难题，只有当我们扮演好自己的角色，了解他们是两个人时，他们才有希望解决这个关于身份的困惑。随着成长，如果双胞胎对自己的身份变得非常自信，他们可能会喜欢利用他们彼此的相似性做一些事情，但在此之前，不是让他们以互换身份为主题进行游戏的时候。

最后，双胞胎是否喜欢对方？这是双胞胎必须回答的一个问题。我觉得需要研究一下这个观点。他们常常接受对方的陪伴，喜欢一起玩耍，讨厌被分开，但却无法让人相信他们爱对方。可能有一天，他们发现他们像憎恨毒药一样憎恨对方，最后，可能他们又会相亲相爱。这并不适合所有的情况，但在两个孩子不得不刻意忍受对方的情况下，他们无法知道他们是否会选择认识对方。只有在将仇恨表达出来之后，爱才有机会产生。因此，重要的是，你不应该过于想当然地认为你的双胞胎会愿意一起生活。

他们可能会，也可能不会；他们可能感谢你，或者感谢一些偶然的事情，比如出麻疹，因为它把他们分开了。单独成为一个完整的人，要比和自己的双胞胎在一起容易得多。

第二十二章　孩子们为什么玩游戏？

孩子们为什么要玩游戏？这里有一些很明显的原因，也值得更深入地探讨。

大多数人会说，儿童玩耍是因为他们喜欢这样做，这一点是不可否认的。儿童喜欢所有的身体和情感游戏体验。我们可以通过提供材料和想法来增加他们的体验范围，但似乎稍微提供一些玩具比提供太多商品更好，因为儿童能够非常容易地找到玩耍的物品和发明游戏，而且他们喜欢这样做。

人们通常说，儿童在游戏中"消除仇恨和攻击性"，就好像攻击性是一些可以摆脱的坏东西。这句话有一部分是正确的，因为压抑的怨恨和愤怒会让孩子将它们看作自己内心的坏东西。但关于游戏与攻击性，我们这样表达会更准确：对于孩子来说，重要的是能发现一个熟悉的环境，让自己表达出仇恨或攻击性冲动，而不用担心有仇恨和暴力从环境中返回到孩子身上，也就是说，不用担心被报复。

孩子会觉得，一个好的环境应该能够容忍攻击性情绪——如果它们以或多或少的形式表达出来的话。在孩子的世界里，侵略与攻击性是存在的，这是我们必须接受的事实。如果这些客观存在的东西被隐藏和否认，孩子会感到不真实。

第二十二章 孩子们为什么玩游戏？

表达攻击性是快乐的，但它不可避免地会给他人带来真实或想象的伤害。孩子不可避免地需要处理这种复杂的情况。通过游戏，这个问题可以从源头上得到解决。孩子可以在游戏中接受表达攻击性情绪的训练，而不仅仅是在生气的时候。另一种方法，是将攻击性用在具有建设性目的的活动中，但这些事情只能逐步实现。

我们不要忽视孩子在游戏中表达攻击性情绪所做出的社会贡献。我们不喜欢被人憎恨或伤害，但我们决不能忽视在自律后面被压抑的愤怒冲动。

人们很容易证明儿童玩耍是为了快乐，但不太能理解儿童玩耍也是为了控制焦虑，或学习掌控那些可能导致焦虑的想法和冲动。这些冲动如果无法控制，也会导致焦虑。

焦虑始终是儿童游戏中的一个因素，而且往往是一个主要因素。过度的焦虑会导致强迫性游戏或重复性游戏，或夸张地寻求属于游戏的快乐；如果焦虑过于严重，游戏就会分解为纯粹的感官满足。

在这里，我不是要证明"焦虑是儿童游戏的根源"这一论点。重要的是看实际结果。如果儿童只是为了快乐而游戏，那么可以要求他们放弃游戏，但如果游戏还关乎焦虑，我们就不可能让儿童放弃游戏，否则就必然引起儿童痛苦、实际的焦虑或对焦虑的新防御（如自慰或做白日梦）。

对孩子而言，游戏是他们生活的重要部分，因为他们需要在游戏中获得经验。对成人来说，外部和内部的经验都很丰富，但对儿童来说，很多的经验都是在游戏和幻想中获得的。正如成人的个性通过他们的生活经验得到发展一样，儿童的个性也通过他们自己的游戏、其他儿童和成人的游戏创造而得到发展。通过游戏，儿童逐渐扩大他们的能力，充实自己，并体验到外部现实世界的丰富性。游戏是创造力的持续证据,对于孩子,游戏也意味着活泼与生机。

成年人在这里的贡献是认识到游戏的重要地位,向儿童教授传统的游戏,但又不妨碍儿童自己的创造力。

每个孩子最初都是独自玩耍,或与母亲一起玩耍;其他孩子不会立即被作为玩伴。通过游戏,孩子们开始接触彼此,在游戏中,其他孩子被纳入预先设想的角色,孩子开始允许其他孩子有独立的存在。就像一些成年人在工作中很容易交到朋友和敌人,而另一些人则可能在房间里坐上好几年,但没有人注意他们一样,儿童也是在游戏中交到朋友和敌人,而离开游戏他们就不容易交到朋友。游戏为情感联结提供了一个载体,也因此使社会关系得以发展。

游戏、艺术和宗教,都以不同但相互关联的方式影响着人格的统一和整合。例如,一个人与内在现实的关系,这个人同外部或共同现实的关系,都可以在游戏中得到体现,并彼此关联起来。

我们还可以从另一个角度看这个高度复杂的问题。

正是在游戏中,儿童将思想与身体功能联系起来。他们自慰或进行其他感官探索,从而形成属于它的意识层面和潜意识层面的幻想,并将其带入真正的游戏中,在有意识和潜意识之间自由摇摆,而相关的身体活动要么被搁置,要么则驾驭在游戏内容之上,这些都是有益于孩子身心成长的。

当我们遇到一个孩子,他的强迫性自慰显然不带有幻想的成分,或者一个孩子的强迫性白日梦显然不涉及局部或整体的身体兴奋,我们才会清楚认识到游戏中存在的健康意义。游戏将生活的两个方面——身体功能和思想的活力——相互联系起来。在儿童保持身心完整统一的努力中,游戏是感官刺激的替代品。众所周知,当焦虑度很高时,孩子会强迫性地沉迷于感官刺激,而失去游戏的能力。

同样，当我们遇到一个孩子，他与内在现实的关系和与外部现实的关系失去联系时，我们说，他的人格方面是严重分裂的。

可以清楚地看到，正常的游戏（如回忆和讲述梦境）是趋于人格整合的事情之一。具有严重人格分裂的儿童不能玩这种游戏，或者不能以一般可识别的方式玩这个游戏。

今天（作者写于1968年），关于游戏，我想补充四点意见。

1. 游戏本质上是创造性的。
2. 游戏是令人兴奋的，因为它涉及主观和客观之间存在的边界，而这个边界并非固定不变的。
3. 游戏发端于婴儿和母亲形象之间的潜在空间。这个潜在空间，是当与母亲融为一体的婴儿感到母亲被分离时所产生的变化形成的，也是我们在母婴关系中必须考虑到的。
4. 游戏在这个潜在空间发展的前提，是婴儿有机会在不与母亲分离的情况下体验到分离。这种情况是可能出现的：因为"婴儿与母亲融合"的状态，可以由"母亲适应婴儿的需要而出现"的情况所代替。当婴儿产生这种体验时，也就意味着他已经开始建立"值得信任的母亲形象"。换句话说，游戏的开始与婴儿的生活经验有关。

游戏对于孩子是"对自己的诚实"，就像成年人穿衣需要契合自己身体的真实尺码一样。在幼年时期，这个观点也可能变成它的反面，因为游戏如同语言一样，也可以隐含我们的思想。当然，我们所指的，是比意识层面更深层次的思想。被压抑的潜意识必须被隐藏起来，但潜意识的其余部分是每个人都想了解的东西，而游戏像梦一样具有自我揭示的功能。

在对小孩子的精神分析中，游戏被用来代替成人的语言交流。三岁及三岁以前的孩子往往过于相信成人的理解能力,所以精神分析学家很难达到孩子的期望。孩子在这方面的幻想破灭后会产生巨大的痛苦。在寻找更深层次的理解时,对分析家最大的刺激,莫过于孩子对我们未能理解他或她希望通过游戏所交流的信息感到痛苦。

大一点儿的孩子对这种"被重新认识"的幻想已经破灭了,他们接受了被人误解,甚至发现自己可以欺骗别人,而教育在很大程度上就是欺骗和妥协的产物,因此这些对他们来说并不是很大的打击。

然而,所有的孩子(甚至是一些成年人)或多或少都有重新获得被理解的信念,在他们的游戏中,我们总能找到通往潜意识的大门,以及通往生命原初的诚实的大门,这种诚实在婴儿身上曾如花朵般奇妙地盛开,然后随着成长而渐渐闭合,变成一个封闭的花蕾。

第二十三章　孩子与性

在不久前，人们还认为把性与童年的"纯真"联系起来是不合适的。对这个问题，我们需要更准确的描述。由于这个领域很多东西还不为人所知，我们建议学习者以自己的方式进行研究，如果只阅读而不进行实践观察，那么他就需要阅读许多不同作者的阐述，而不是把某个人的观点当作真理。

在这一章，我并不准备零售一套批发来的理论，而是准备聊聊一个人可以怎么看待儿童期性欲这个问题，以这个人作为儿科医生和精神分析师的训练和经验为基础。这个主题非常广泛，很难在一个章节内讲清楚而不产生歧义。

在考虑儿童心理学的任何方面时，我们先记住每个人都曾是个孩子，这一点很有用。在每个成年观察者对孩子的观察中，都有关于他自己的婴儿期和童年的全部记忆，包括幻想和现实，只要它在当时是被欣赏的。很多东西被遗忘，但它们没有消失：还有什么更好的线索可以引导人们关注潜意识的巨大资源呢？

在自己身上，我们有可能从庞大的潜意识库存中整理出被压抑的部分，其中就包括"性"这个元素。如果一个人发现自己在允许儿童性欲的可能性方面存在特别的困难，那他最好把注意力转移到其他主题上。相反，观察者如果能够自由地找到自己要观察的东西，而不会自我设限，禁止自己去发现要探索的东西，他就可以有许多不同的方法进行客观研究。

一个人如果想成为心理学家，将心理学作为自己的终身职业，最有效的方法就是接受个人分析。成功的个人分析可以让他释放被压抑的情感，并在回忆与重新体验中处理自己早年成长中没有解决的冲突。

弗洛伊德通过对成年人的分析，提醒人们注意童年性欲的重要性。精神分析师每次进行成功的分析时，都有一种独特的体验：他看到病人的童年和婴儿时期在他面前展开，就像病人自己所看到的那样。他有很多次经验，可以看到心理障碍的自然发展历史，看到所有的心理和生理、个人和环境、事实和想象交织在一起，看到病人已经意识到的和被压抑的、隐而未现的东西。

在对成年人的分析中，弗洛伊德发现性生活中性障碍的成因可以追溯到青春期，也可以追溯到童年，特别是二岁到五岁时期。

他发现在家庭中存在一种三角关系，只能描述为：这个小男孩爱上了他的母亲，并与作为竞争对手的父亲发生冲突。除了这种描述，无法有其他的解释。

性欲的存在，通过以下事实得到证明：它不只是存在于幻想中，还有身体表征的伴随、生理勃起、带有高潮的兴奋阶段、谋杀冲动，以及一种特殊的恐惧——对被阉割的恐惧。这个被提取出来的主题，我们称为俄狄浦斯情结，今天它仍然是成长中的一个核心主题，被无数次阐述和修改，不可回避。

试图对这一核心主题进行遮掩的心理学理论注定要失败，因此人们不能不感谢弗洛伊德，因为他冒着被公众反对的危险，勇往直前，说出了他反复观察到的东西。

使用"俄狄浦斯情结"这个词，是弗洛伊德向独立于精神分析之外，却对童年有着直观理解的经典神话表示敬意。俄狄浦斯神话确实表明，弗洛伊德想要描述的东西一直都是存在的，且为大家熟知的。

围绕着俄狄浦斯情结这个核心主题，精神分析理论得到了巨大的发展。如果这个理论是从艺术的角度提出的，对整个童年性欲或心理学的直觉理解，那么许多批评可以理解。但实际上这个概念更像科学阶梯上的一个台阶，使心理学获得了重要的发展。它并非臆想。

作为一个概念，俄狄浦斯情结有一个很大的优点，那就是它同时兼顾了身体和想象力两方面。心理学是研究人的科学，身体和心灵是一个人的两个方面，本质上是相互关联的，如果单独研究其中一个部分而不顾另一个部分，就会丧失非常大的价值。

一旦接受了俄狄浦斯情结的核心事实，那么立即就有可能，也有必要将这个概念作为研究儿童心理学的线索，看看它存在哪些不足或不准确的地方。

对这个概念的第一个反对意见来自对小男孩的直接观察。

有些男孩确实用很多话公开表达了他们对母亲的爱慕之情，他们希望与母亲结婚，甚至给母亲生孩子，他们因此而憎恶父亲，但也有许多男孩根本没有这样表达。事实上，他们对父亲的爱慕之情似乎比对母亲的爱慕之情更多，而且有时候兄弟姐妹、护士、姑姑和叔叔们很容易取代父母的地位。

虽然直接观察的结果貌似并不支持精神分析学家对俄狄浦斯情结的重视程度：看起来，并不是每个小男孩都存在这种情结。然而，精神分析学家必须坚持他们的观点，因为在分析中他们经常发现它，而且发现它很重要，而且发现它往往被严重压抑，只有在最仔细和足够长时间的分析之后才会显现。

在对儿童的观察中，如果对他们的游戏进行密切的检查，性主题和俄狄浦斯主题将在所有其他主题中被反复发现；但对儿童游戏的密切检查是困难的，如果是出于研究目的，最好的研究途径也是进行精神分析。

事实是，在现实生活中，完整的俄狄浦斯情境很少公开出现。与本能兴奋相关的强烈感受主要存在儿童的潜意识中，现实中即使隐约可见，也很快就被压抑了。尽管如此，它们还是真实存在的。三岁的小孩很容易发脾气和做噩梦，其背后的原因，有对成人的深度依恋，也有本能张力的周期性上升，还有因仇恨、恐惧与爱同时出现而产生的心灵冲突。

弗洛伊德本人曾对这个原始理念做过修改，他认为一个成年人在分析中，可以重现自己童年时期强烈的、高度浓缩的性格特点，它们不一定与父母早年观察到的情节相一致，但却是属于童年的潜意识情感和幻想的真实重建。

这里带来了另一个问题：以上说的是小男孩的俄狄浦斯情结，那小女孩又是怎样的呢？

第一个假设是，她们爱上了自己的父亲，而讨厌和害怕自己的母亲。这是一个事实，但其中的主要部分又可能是潜意识的，不是小女孩能意识和承认的，除非在非常特殊的信任下。

许多女孩在情感发展上并没有达到与父亲相依为命的程度，因此也不需要承担与母亲剧烈冲突的风险。她们对父亲有所依恋，但伴随着与父亲微弱的依恋关系又出现了退行[①]（如人们所言）。女儿与母亲

---

① 退行（regression）是指人们在受到挫折或面临焦虑、应激等状态时，放弃已经学到的比较成熟的适应技巧或方式，而退回到使用早期生活阶段的某种行为方式，以原始、幼稚的方法来应付当前情景，以此来降低自己的焦虑。

发生冲突，风险十分巨大。因为母亲的概念（在潜意识的幻想中），意味着爱的关怀、良好的食物、稳定的大地、坚实的支撑。与母亲的冲突必然产生不安全的感觉，比如梦见地面开裂，或者更糟。

不同于小男孩的俄狄浦斯情结，在这个问题上，小女孩有自己的特殊性。只有当她开始爱自己的父亲时，她的母亲才成为她的对手，而实际上她对于自己的母亲，对于母爱，有一种更原始的依恋。爱上父亲，也就意味着对母亲某种意义上的背叛，但这种背叛是符合她的成长需要的。

小女孩像小男孩一样，身体有性感受，也有与性感受相适应的幻想。男孩要面临的挑战，是在其性发展的高峰期（幼儿期和青春期）特别害怕被阉割，而女孩在相应阶段的麻烦，则是她与物质世界的冲突，这是由她与母亲的竞争所带来的，母亲对每个孩子来说，原本就是物质世界本身。同时，小女孩为她的身体感到恐惧，她像男孩害怕被阉割一样，害怕她的身体会被假想中的敌对母亲所攻击，因为她想偷她母亲的孩子，以及其他许多属于母亲的东西。

对俄狄浦斯情结的描述对于双性恋来说显然是不够全面也不够完整的。在孩提时代，普通的异性关系非常重要，同时同性关系也一直存在，而且相对来说比异性关系更重要。

另一种说法是，孩子通常会认同父母双方，但会侧重于认同父母的某一方；这一方不一定与孩子的性别相一致。在所有情况下，孩子都有认同不同性别的父母的能力，因此，在孩子的幻想中（如果进行搜索的话），可以发现人际关系中的所有类型都存在，而无关孩子的实际性别。

当孩子主要认同的是同性的父母时，这自然是很正常的；但在对孩子进行精神检查时，如果发现孩子主要认同的是异性的父母，也不能由此就得出"孩子异常"的诊断。这可能是孩子对特殊环境的自然适应。当然，在某些情况下，对性别身份的交叉认同可以成为日后出现的同性恋倾向的基础。在"潜伏期"，即第一性征期和青春期之间，交叉认同特别重要。

在这个描述中，有一个原则被认为是理所当然的，但也值得特意提出来。性健康的基础是在儿童时期奠定的，青春期性发育其实是儿童期发育的重复。推论也同样成立：成人生活中的性畸变和非常态现象，也是在儿童早期奠定的。此外，整个心理健康的基础，都是在儿童早期和婴儿期奠定的。

通常情况下，儿童的游戏会因性观念和性象征而得到极大的丰富，如果存在强烈的性抑制，那么对游戏的抑制也会随之而来。由于缺乏对"性游戏"的明确定义，相关的叙述可能会出现混乱，我不妨在这里厘清一下。

我们要知道，性兴奋是一回事，而将性幻想付诸行动则是另一回事。在儿童时期，性游戏算是一种特殊情况，这个时期的孩子通过身体兴奋来寻求刺激结果，很可能是困难的。因此他们的高潮或消退体验往往更多地表现为遇到挫折后爆发出来的攻击性，而不是像青春期后的成年人可以获得的本能张力的真正缓解。

在睡眠中，孩子有时会依靠梦境进入到兴奋状态，而在兴奋的高峰体验中，身体通常出现一些替代性的高潮，如尿湿，或在噩梦中醒来。小男孩的性高潮不可能像青春期或成年人的释放那样令人满意；也许小女孩更容易得到性高潮，因为她的成熟不需要补充其他生理功能，只需要接受被插入。这些在童年时期反复出现的性本能，必须被我们提前预料到，而且必须提供性高潮的替代品——比如提供食物，也包括聚会、郊游和其他一些特殊时刻。

父母清楚地知道，他们常常不得不介入孩子的游戏，并通过展示力量，比如能让孩子哭泣的耳光，来引发孩子达到高潮。令人欣慰的是，孩子们最后都会疲倦，并在累了之后上床睡觉。即便如此，延迟的高潮还是会扰乱睡眠的平静，孩子可能在惊恐中醒来。这时就需要母亲或父亲立即出现，帮助孩子重新获得与外部现实的联系，从对现实世界的稳定感中获得安慰与解脱。

所有身体上的兴奋都有意识形态（情感）的伴随，或者反过来说，情感本身就是身体经验的伴随。精神上的愉悦，以及从紧张中得到的满足和解脱，都来自童年时期常见的游戏；游戏在让身体愉悦之外，也是儿童幻想世界的外在呈现。儿童时代的许多正常和健康的游戏都与性观念和象征主义有关；但这并不是说玩耍的儿童总是在性兴奋里。儿童在玩耍时，一般都是兴奋的，这些兴奋有时是存在于身体的某个局部，比如贪吃，比如尿急，或者明显是性欲的，或其他具备兴奋能力的事情。兴奋呼唤着高潮。对孩子来说，最容易的处理途径就是玩有高潮的游戏，在这种游戏中，兴奋会带来高潮体验，如"一把菜刀砍掉你的头"，有人被抓或被杀，有人被处罚，有人获奖，有人赢了，等等。

孩子通过游戏来满足性幻想需求的例子，可以举出无数。但它们不一定都伴随着身体的兴奋。众所周知，很大一部分小女孩和一些小男孩喜欢玩娃娃，孩子们对娃娃的行为就像母亲对婴儿一样。他们不仅模仿母亲的做法来表达对母亲的赞美，而且还做一些母亲应该做但没有做的事情来表达对她的责备。由此可见，孩子对母亲的认同是非常完整和细致的。

就像所有这些事情一样，伴随着幻想世界被表演出来的，还有身体方面的体验，肚子疼痛和呕吐可能就是属于母亲这个角色的游戏。出于好玩，男孩和女孩都会把肚子向前挺着，模仿孕妇，而一些孩子因此而真的出现肚子变大，被带去看医生，这类情况并不少见。这个问题的实质就是孩子在秘密模仿孕妇。大人们以为她们的情况（母亲怀孕）应该没有被孩子注意到。但事实上，孩子们总是在寻找肿胀和突起的地方，无论如何对孩子们隐瞒性信息，他们都不可能错过发现怀孕的机会。然而，出于所观察到的父母的谨慎遮掩，或者因为自己的内疚感，孩子可能会把这些信息保存在头脑中的某个隔间里，而没有将它吸收为自己的经验。

世界各地的儿童都会玩一个叫"父亲和母亲"的游戏，它被无限的想象材料所充实，每组儿童演化出的模式都非常能说明儿童的情况，特别是说明这个群体的主导人格的特征。

孩子们经常在彼此之间表演成人类型的性关系，但这通常是秘密进行的，因此不会被那些观察者记录下来。自然，孩子们很容易对这样的游戏感到内疚，而且他们也不能不受到这种游戏被社会禁止的事实的影响。这些性事件本身未必是有害的，但如果它们伴随着严重的内疚感并被压抑，无法被儿童的意识所接受，那么就会造成伤害。这种伤害可以通过恢复对这类事件的记忆来消除。可以说，这种令人难以记住的事件，在孩子从不成熟到成熟的漫长而艰难的旅程中，具有垫脚石的价值。

还有一些性游戏，与性幻想的关联不太直接。我在这里并没有声称儿童只想到性，然而，一个性压抑的孩子是可怜的，就像一个性压抑的成年人一样可怜。

探讨童年性欲的主题，不应该被僵硬地限制在性器官的兴奋和属于这种兴奋的幻想上。在研究童年性欲的过程中，我们有可能发现，特定的兴奋是由身体里不同类型的兴奋综合发展起来，并延伸到更成熟的意识层面。最容易被辨识出来的，就是性。成熟的东西是从原始的东西发展而来的，性的属性是从（例如）吃人的本能冲动发展而来的。

可以说，无论男女，性兴奋的能力从出生起就存在了，只是最初身体各部分的兴奋能力都不强，其意义也有限，直到儿童的人格变得完整，儿童才作为一个整体以特定方式兴奋。随着婴儿的发育，相对于其他类型的兴奋（尿道、肛门、皮肤、口腔），性兴奋逐渐获得了越来越高的重要性，在三至五岁时（以及青春期），在健康的发展中，"性"变得能够在适当的情况下支配其他功能。

这是另一种证据，证明在成人的行为中，与性有关的所有东西都来自童年早期。如果一个成年人不能自然地、潜意识地在性游戏中采用婴儿的技巧或"前生殖器"期的技巧，那将是反常和贫乏的。然而，如果成年人在性体验中只采用前生殖器期的技巧而不使用生殖器本身，而且是强迫性的，很难更改，那这种情况就构成了性倒错。它起源于个体在儿童早期情感发展的停滞。

在分析性倒错的案例时，总能发现当事人对于发展到成熟的性阶段的恐惧，以及他以更原始的方式获得满足的特殊能力。有时，一些实际经历会诱使孩子回到婴儿时期的体验中（如婴儿在使用栓剂时变得兴奋，或在被护士紧紧捆绑有兴奋的反应，等等）。

从不成熟的婴儿成长为成熟儿童的故事是漫长而复杂的，明白性在这个故事中的作用，对于理解成年人的心理也极为重要。为了自然发展，婴儿和儿童需要一个相对稳定的环境。

接下来，我们来看看女性性欲的根源。

小女孩性欲的根源，在于她早期对母亲的贪婪感觉。从她因饥渴而对母亲身体的攻击，到她希望能成熟得像母亲一样，这是一个渐进的过程。她对父亲的爱，可能是因为他是自己从母亲那里偷来的（可以这么说），也可能是因为他特别爱小女孩而促成的；事实上，当父亲在女孩的婴儿期离开太久，以至于女孩没有机会真正了解他时，女孩选择爸爸作为爱的对象的原因，可能就是由于他是母亲的男人。由于以上这些原因，偷窃、性欲以及生孩子的愿望之间存在着密切的联系。

这样所造成的后果就是：当一个女人怀孕并生下孩子时，她必须能够处理好这样的感觉：意识到自己存在这样一个假想——孩子是从她母亲的身体里偷来的。如果她不能处理这个感受，也不能了解事实，她就会失去怀孕可能带来的满足感，也会失去为自己的母亲带来孙子的特殊喜悦。她会为自己的偷窃引发内疚，并可能因此导致流产。

特别重要的是，在产后护理阶段，母亲要明白这种内疚存在的可能性。母亲在那个时期对负责她和自己孩子的女性非常敏感。她需要帮助，但由于这些来自幼儿时期的假想，她只能相信自己脑海中的非常友好或非常敌对的母亲形象，尤其是那些首次分娩的新手母亲，即使心理健康，也很容易假想自己被护士迫害。必须从小女孩与母亲的早期关系中去寻找产生这种想法的根源，包括她曾经想撕扯母亲的身体，从而获得女性特质的原始愿望。

这里有另一个值得说说的原则：在精神病学中，每一种异常都是情感发展的障碍。治疗的目的，是通过各种方法，使病人的情感可以在被阻碍的地方继续发展，从而实现治愈。为了达到这一点，病人必须回到童年或婴儿时期。知道这一事实，对儿科医生来说极为重要。

接下来，我们说说心身疾病。

理解儿童的性行为对儿科医生具有直接的重要性。儿童的性兴奋可以转化为症状和生理变化，与身体疾病带来的症状和变化十分类似。这些症状被称为心身疾病，在所有医疗实践中都非常常见。全科医生会从这些症状中找出偶尔出现在教科书上的生理疾病，将它们交给治疗身体疾病的专科医生处理，而剩下的就都属于心身疾病的范畴。

这些心身疾病不是季节性的或流行性的，但它们在任何一个孩子身上都会显示出一种周期性，尽管是不规则的。这种周期性表明了潜在的反复出现的本能张力的运行轨迹。

部分是由于心理原因，部分是由于环境的刺激因素，每隔一段时间，孩子就会成为一个兴奋的、处于应激状态的存在物。"穿戴整齐却无处可去"，这句话就是为了描述这种状态而出现的。对儿童这种兴奋发生的研究，几乎就是对整个童年的研究，也是对儿童问题的研究：如何保留渴望和兴奋的能力，如何避免因为缺乏满意的高潮而经历太多痛苦的挫折。

儿童应对这一困难的主要方法是：

1. 丧失渴望能力，但这个方法同时会伴随身体感觉的丧失，导致其他许多不利的因素。

2. 采用某种可靠的高潮，要么吃喝，要么自慰，要么兴奋地排尿或排便，要么发脾气，要么打架。

3. 以身体功能的倒错或过敏使人达到虚假的高潮——呕吐和腹

泻、暴怒、夸张的卡他性感染（过敏性鼻炎、流感）、抱怨本来可以忽略的疼痛和痛苦。

4. 所有这些方法都混杂在一起使用，导致出现一段不舒服的时期，也许有头痛和食欲不振，有普遍易怒，或者某些组织有兴奋的倾向（例如，现代术语中的"过敏"现象）。

5. 让兴奋组织处于慢性"紧张"中，可能在很长一段时间内保持不变（"神经质"的焦虑不安，可能是儿童期最常见的疾病）。

与情绪状态和情绪发展紊乱有关的身体症状，构成了儿科医生需要用心关注的一个重要课题。

在描述童年性欲时，必须提到自慰。这又是一个巨大的课题。

自慰有些是正常或健康的，有些就是情感发展障碍的症状。强迫性自慰，如强迫性摩擦大腿、咬指甲、摇晃、撞头、摇头或翻滚、吸吮拇指等，都是某种焦虑的证据。如果是严重的强迫性行为，则是儿童在努力处理更原始的或精神病性的焦虑，如对人格解体的恐惧，或对失去身体感觉的恐惧，或对失去与外部现实接触的恐惧。

也许自慰最常见的障碍就是外界对它的压制，或者说强迫它从儿童对不可容忍的焦虑或剥夺感或损失的自我管理防御中消失。

一个婴儿从最开始，就有能力来吸吮他的拳头，而且他确实需要这种能力来安慰自己。他需要他的手放在嘴边，即使他得到了最好的照料，即使他感到饥饿时可以得到母亲的乳房，但他依旧需要他的拳头，当他被制止时，他会更加需要它。在整个婴儿期，孩子都需要从自己身体的任何部位获得满足感，包括吸吮拳头、排尿、排便和握住自己的阴茎。小女孩也会有相应的满足方式，这些都是正常的自慰现象。

普通的自慰只是孩子利用身体的自然资源来获得满足，作为对抗挫折和随之而来的愤怒、仇恨、恐惧的一种保障。但如果是强迫性自慰，则意味着需要处理的潜在焦虑已经过度了。也许婴儿这时需要缩短喂养的间隔时间，或者需要更多的母爱，或者需要感觉有人近在咫尺，随时守护着他，又或者他的母亲非常焦虑，以至于她应该让婴儿安静地躺在婴儿车里，而减少和她接触。

当强迫性自慰成为一种症状时，想办法帮助婴儿处理过度的潜在焦虑是合理的，但试图阻止自慰则是不合逻辑的。然而，必须承认，在极少数情况下会出现持续的强迫性自慰，这很容易让孩子疲惫，因此必须通过一些措施来阻止，从而让孩子从症状中得到一些缓解。但如果在婴儿期以压制的方式获得缓解，孩子在青春期一定会出现新的困难。不过有时父母非常需要立即缓解孩子的自慰症状，反而觉得未来几年后的麻烦相对不那么重要。

当对孩子的养育进行顺利时，带有性意味的自慰不太容易被注意到，或者只是通过孩子的呼吸变化，或者因为头部出汗而被发现。然而，当强迫性自慰与性抑制相结合时，麻烦就来了。在这种情况下，孩子会因为努力达成他不容易达到的满足和高潮而变得精疲力竭，而放弃则意味着现实感的丧失，或价值感的丧失。然而，长期的强迫性自慰最终会导致身体的衰弱，比如黑眼圈、面黄肌瘦等，这些原本因为心身疾病而导致的结果，通常被错误地归咎于自慰本身。有时，通过父亲的严格要求来帮助孩子走出这种僵局，是很好的一种选择。

对儿童（包括成人）的精神分析研究表明，男性生殖器在潜意识中所具有的价值，要比直接观察到的生理价值高得多。当然，如果环境允许的话，许多儿童确实愿意公开表达他们对阴茎的兴趣。小男孩重视他们的生殖器，就像他们重视他们的脚趾和身体的其他部分一样，但就他们体验到的性兴奋而言，他们知道阴茎具有特殊的重要性。与爱的感觉相关的勃起，决定了男孩们对阉割的天然恐惧。男婴的阴茎兴奋有其平行的幻想：爱的感觉和被阉割的恐惧同时存在，它们在很大程度上激发了早期勃起。

生殖器兴奋的起始时间不是固定的，存在很大的个体差异。有些孩子在婴儿早期，几乎没有生殖器兴奋，而有些孩子从出生开始，勃起就几乎一直存在。不过，人为地刺激阴茎，对孩子没有什么好处。包皮环切术后的敷料很可能经常刺激阴茎勃起，并导致勃起与疼痛的联系，但这种联系毫无必要，也没有好处，这几乎是不应该进行包皮环切术的原因之一（除非出于宗教要求）。

比较理想的情况是：生殖器兴奋的建立，稍晚于身体其他部位的感受。当身体其他部分的感受清晰之后，生殖器兴奋再发展出自己的重要性，这就很方便了。当然，对婴儿生殖器的任何人工刺激（无论是因为手术处理，还是因为没有受过教育的保姆希望以这种方式让婴儿进入舒缓的睡眠）都是不自然的；儿童的情感发展过程本身就足够复杂，这些非自然的人工刺激只会额外增加儿童成长的负担。

对小女孩来说，看得见摸得着的男孩的生殖器（包括阴囊）很容易成为她羡慕的对象，特别是一些处于依恋关系中的女孩，她会沿着对异性认同的路线发展得更明显。不过事情也不全然如此，毫无疑问，很大一部分小女孩对自己拥有更隐蔽但同样重要的生殖器感到非常满意，因而允许男孩拥有更脆弱的男性附属物。

随着时间的推移，女孩会看到乳房的价值。乳房对她来说几乎和男孩的阴茎一样重要。当一个女孩知道她有男孩所没有的能力，可以携带、生产和喂养婴儿时,她知道男孩没有什么可羡慕的,她也不需要嫉妒他。然而,如果她被焦虑所驱使,从普通的异性认同回到对母亲或母亲形象的固着状态,并因此需要像一个男人一样时,她就必然羡慕男孩。还有,如果一个小女孩不被允许知道她的生殖器是身体令人兴奋的重要部分,或不允许她提到它,那这个女孩嫉妒阴茎的倾向就会增加。

阴蒂的兴奋与泌尿系统的性兴奋密切相关。这更适合男性认同状态下女孩对阴蒂的幻想。通过阴蒂性兴奋,女孩知道作为一个有阴茎性兴奋的男孩会是什么感觉。同样,男孩可以在会阴部的皮肤上体验到属于女孩阴蒂相对应的感觉。

这与肛门性兴奋完全不同,肛门性兴奋是两性共有的一个特征,它与口腔、尿道、肌肉和皮肤性兴奋一起,提供了性爱的早期根源。

在社会学和民间传说以及原始部落的神话和传说中,都不乏关于父系或祖先的阴茎的传说,它们以象征性的形式受到崇拜,并发挥着巨大的影响。在现代家庭中,这些东西与从前一样重要,尽管它们被隐藏起来了。当一个孩子的家庭破裂时,他会觉得突然失去了他赖以生存的标志物,这使他陷入困境,犹如在海上没有指南针。这样的境况下,阴茎的象征意义的重要性就有机会显现出来了。

一个孩子的整体状态,当然比性要复杂得多。性远远不是一个孩子的全部,就如水不是花的全部一样。然而,如果植物学家在描述一种植物时忘记提到水,他的工作就会失败,因为水是花最为重要的组成部分。在五十年前的心理学中,由于对儿童性行为的禁忌,儿童生活中的性部分因此被遗漏,这是很危险的。

性本能在童年时以一种非常复杂的方式聚集在一起,从它的所有组成部分中分离出来，并丰富和复杂化正常儿童的整个生活。童年的许多恐惧都与性观念和性兴奋有关，并产生与之相随的意识和潜意识的心理冲突。儿童在性问题上的障碍是许多心身疾病的原因，特别是那些反复出现的障碍类型。

青春期和成年性行为的基础是在童年时期奠定的，也是所有性倒错和性障碍问题的根源。从这个角度说，预防成人性功能障碍，以及预防除纯粹遗传性的精神和心身疾病之外的所有疾病，是那些照顾婴儿和儿童的人的职责。

第二十四章　偷窃与说谎

养育过几个健康孩子的母亲都知道，每个孩子都可能出现一些严重问题，尤其是在两三岁和四岁的时候。有一个孩子曾有一段时间夜里大喊大叫，强度非常大，以至于邻居们都认为她受到了虐待；另一个孩子绝对拒绝接受清洁训练；第三个孩子非常干净和乖巧，以至于母亲担心这个孩子会完全缺乏自发性和个人进取心；还有一个孩子很容易发脾气，还会撞头和屏住呼吸，直到脸色发青，而母亲束手无策。在家庭生活中每天发生的这类事情可以列一个长长的清单。偷窃的习惯是经常发生的、令人不安的事情之一，有时也会引起特别的麻烦。

小孩子经常从他们母亲的手提包里拿硬币，通常情况下这没有什么问题。母亲对孩子的行为很宽容，孩子把她包里的东西翻出来，大概率会把东西弄乱，她注意到这一点，觉得很有趣。她甚至可能准备两个袋子，其中一个孩子根本就接触不到，而另一个更普通的袋子则可以供孩子探索。渐渐地，孩子长大了，就不用再考虑这个问题了。母亲非常笃定地认为，这种情况是健康的，是孩子与自己以及与一般人最初关系的一部分。

当然，我们也很容易理解，一个母亲偶尔发现她的孩子拿了属于母亲的东西并把它们藏起来时，为什么会非常担心。她有一个极端的、被强化的观念：孩子长大会成为小偷。对一个幸福的家庭来说，没有什么比一个习惯偷窃的大孩子（或成年人）的存在更令人不安了。他会破坏家庭成员的彼此信任，让家人失去把东西到处乱放的自由。比如，必须用专门的方法来保护重要的财产，如钱、巧克力、糖等。在这种情况下，家就可能因此而呈现病态。

许多人一想到"偷窃"这个词，就会有一种非常讨厌的感觉。他们面对这个词会感到不安，就像他们在提到"自慰"这个词时一样。其原因除了可能曾遇到过小偷，还可能因为他们自己在童年时，也与自己"偷窃"的欲望进行过斗争。正是因为对偷窃这种不舒服的感觉，母亲们才会有一些不必要的担心，她们忘了，其实小孩子从自己母亲的财产中拿东西是很正常的现象。

稍加思索，我们就会发现，在一个普通的家庭里，即使没有可以被称为小偷的人，实际上也有很多偷窃行为，只是它们不被称为偷窃：一个孩子走进储藏室，拿了一两个蛋糕，或者从盘子里拿了一块糖。在一个健康的家庭里，没有人称这个孩子是小偷（然而，在一个机构中，同样的行为可能会因为那里的规则而受到惩罚，孩子会因此打上"小偷"的烙印）。

父母需要制定一些规则，以保持家庭的正常活动。他们虽然允许孩子们随时去拿面包或者蛋糕，但他们不能拿某种特殊的蛋糕，也不能从商店的橱柜里拿糖。这些事情总是来来回回地发生，家庭生活在某种程度上就包含在这些解决父母和孩子之间关系的日常活动里。

但如果一个孩子经常去偷苹果，然后转手就把苹果送人，自己却不喜欢吃，这种强迫性的行为就是不健康的。这种情况下，他会被称为小偷，但他不知道自己为什么要这么做。如果被追问原因，他就会撒谎，因此又变成一个骗子。

第二十四章 偷窃与说谎

问题是，他（当然，这个小偷可能是个女孩）在做什么？

这个小偷需要的，不是他偷的东西，只是他不知道这一点。对小偷来说，能让他满意的不是伍尔沃斯的钢笔，也不是邻居栏杆上的自行车，更不是果园里的苹果。以这种方式生病的孩子是无法拥有和享受被偷来的这些东西的。他只是在表达一种原始爱欲冲动，而他能得到的就是享受这种表达，以及这种表达所锻炼出来的技巧。

这样的孩子，在某种意义上，已经与母亲失去了联系。

从物质角度看，孩子的母亲可能存在，也可能不在。她甚至可能是一个非常好的母亲，愿意给孩子无限量的爱。然而，从孩子的角度来看，有一些东西是缺失的。他可能喜欢母亲，甚至爱她。但是，在更原始的意义上，由于某种原因，她对他来说已经不存在了。

偷窃的孩子，他的内在是一个婴儿，他在寻找母亲，或者寻找他有权偷窃的人。事实上，他在寻找某个可以让他拿走东西的人，就像一个婴儿或一两岁的小孩子一样：婴儿从母亲那里拿走东西，只是因为她是他的母亲，而且他对她有权利。

进一步说，他自己的母亲确实是属于他的，因为是他使她成为母亲。他对她的认知，是从他逐渐产生的爱的能力中慢慢形成的。我们可以知道，某某夫人已经有了六个孩子，在某个时候生下了这个婴儿约翰尼，她喂养他，照顾他，然后最终又生了一个孩子。然而，从约翰尼的角度来看，当他出生时，这个女人是他创造的东西。通过主动适应他的需要，她向他展示了哪些创造是明智的，因为那些东西真实存在在那里。

在"客观性"对婴儿具有意义之前，母亲给他的东西必须先被构想出来，因此对他来说，这些东西必须是主观的。最终，在对偷窃行为追根溯源的过程中，我们总是可以发现，偷窃者是在寻找一个人，他需要以这个人为基础，重新建立他与世界的关系，而所寻找的这个人愿意为他奉献，愿意理解他并愿意积极适应他的需要。事实上，这是他的一种幻觉，即世界上有他想象的东西，而那个奉献者使他能够把他所想象的东西放在外部的"共享"现实中。

明白这一点在实际应用中很有价值。每个人在最开始的婴儿阶段，都会先以自己的想象创造出一个理想母亲，然后再逐渐认识到客观存在的真实母亲。从想象母亲到真实母亲有一个痛苦的过渡过程，这个痛苦的过程就是所谓的幻灭，我们没有必要主动让小孩子幻灭。相反，一个健康的好母亲会克制住幻灭的进度，帮助小婴儿保留幻想，直到她觉得婴儿可以接受并欢迎幻灭的时候，才允许幻灭发生。

一个两岁的孩子从母亲的手提包里偷窃便士，就是在扮演一个饥饿的婴儿，他认为他创造了他的母亲，并认为他对母亲和母亲的物品拥有权利。

对于有些孩子，幻灭可能来得太快了。例如，一个新生儿（弟弟或者妹妹）的出生，就会造成一个孩子的幻灭。即使这个孩子已经为弟弟或者妹妹的到来做好了准备，即使他对新生儿有好感，新生儿的出现也会成为一个可怕的冲击。新生儿的到来，可能会使小孩子感觉"自己创造了母亲"的幻想破灭，这种突然的幻灭感很容易使他进入一个强迫性偷窃的阶段。

随着新生儿的来临，孩子不再认为自己拥有母亲的全部，他被发现开始强迫性地拿东西，特别是甜食，并把它们藏起来，但没有真正从拥有它们中得到满足。如果父母明白孩子这种阶段性的强迫性偷窃意味着什么，他们会理智地行事。

首先，他们会容忍孩子的这种行为，而且他们会试着让这个孩子至少在每天的某个时间可以依赖和亲近母亲，或者得到某种特别的单独关注。每周一次的便士时间（给零花钱）的时机也可能已经到来。

最重要的是，了解这种情况的父母不会像一吨砖头一样压在孩子身上，要求孩子为自己的行为认罪。他们明白，如果他们这样做，孩子肯定会开始持续撒谎和偷窃，而这绝对是大人的错。

这些都是普通家庭中常见的事情，绝大多数情况下，事情都会得到合理的解决，暂时出现强迫性偷窃的孩子也会自己恢复过来。

然而，父母是否能够了解正在发生的事情以避免不明智的行动，与他们觉得必须在早期阶段"治愈"偷窃行为，以防止孩子以后成为一个确定的小偷，这两者之间存在着巨大差异。按照后者的处理方式，即使"问题"最终得以解决，但儿童因不恰当的教养方式而遭受不必要的痛苦，这种代价也是巨大的。

一个人在成长过程中需要遭受的痛苦已经足够多了。这不仅仅是指偷窃行为。在各个方面，那些遭受过巨大或突如其来的幻灭的儿童会发现他们被迫做过一些自己也不知道为什么会去做的事情：制造混乱，拒绝在正确的时刻排便，砍掉花园里的植物，等等。

父母如果觉得他们必须对这些行为刨根问底，并要求孩子解释他们为什么要做这些事，就会大大增加孩子的困难，而对于孩子来说，导致这些困难的内在冲突在当时已经足够激烈，孩子并不知道真正的原因。结果可能是，他不会因为被误解和指责而感到内疚，反而会变得人格分裂。人格分裂成两部分：一部分非常严格，另一部分则被邪恶的冲动所占据。这时孩子不再感到内疚，而是被转化为人们所说的骗子。

然而，作为受损失者，如果我们丢失了一辆自行车，即使知道"小偷"偷自行车的内在根源其实是在潜意识地寻找他的母亲，被偷的痛苦也不会减轻。这完全是另一码事。受害者的报复心理当然不能被忽视，任何试图对犯罪儿童抱有同情并试图帮他推脱责任的做法都会使最终目的落空，因为它会在客观上加剧对罪犯的对立情绪。

所以，少年法庭的法官不能只把小偷看作有病的人，不能忽视这些犯罪行为的反社会性质，以及这些行为在受影响的地区所引起的刺激与社会动荡。事实上，当我们要求法院认识到"小偷有病"的事实时，我们就给社会带来了巨大的压力，因为这样的思路就可能让裁决变为"治疗"而不是惩罚。

当然，很多偷窃行为从来不需要上法庭，因为它在孩子的家里被正常的好父母圆满地处理了。一个母亲，当她的孩子从她那里偷东西时，并不会感到紧张，因为她做梦也不会想到这叫偷东西，她很容易认识到孩子所做的只是一种爱的表达。

四岁或五岁的孩子，或正在经历这一阶段的孩子，其中一定程度的强迫性偷窃，当然会对父母的容忍度产生一些压力。我们应该向这些父母提供我们所能提供的一切，让他们了解其中的过程，以帮助他们将自己的孩子带入社会适应期。正是由于这个原因，我试图把自己的个人的观点写下来，努力简化问题，以便用好家长或好老师能够理解的形式来介绍它。

第二十五章　首次尝试独立

心理学有时貌似肤浅而简单，有时则是深刻而复杂的。不过，在研究婴儿的最初活动，以及他们在入睡前或不安时所使用的物品时，有一点很奇怪：这些东西似乎存在于表层和深层之间，存在于对明显事实的简单考察和对潜意识领域的模糊探究之间。由于这个原因，我想请父母注意婴儿对日常物品的使用，并声明：我们可以从日常的观察中，从那些一直在展示的事实中，学到很多东西。

我想说的很简单，不会比"普通孩子的泰迪熊"这类话题更难。每个照顾过孩子的人都能想起一些孩子玩玩具的有趣细节，这些细节所呈现的特点，就像每个孩子的行为，从来没有两个案例是完全相同的。

大家都知道，婴儿最初都喜欢把拳头塞进嘴里，很快他们就会形成自己的独特模式：也许会选择某个手指、某两个手指或拇指来吸吮，同时用另一只手抚摸母亲的某个部位或床单、毯子或毛织品，或者是自己的头发。这里有两件事：第一件事，手的某些部分在嘴里，显然与喂食兴奋有关；第二件事，是从本能的喂食兴奋中往前发展一个阶段，更接近情感表达的亲昵。

从这种亲昵的抚摸活动中，婴儿可以继续发展出一种与周围物品的关系，而这个可能只是碰巧出现的物品对婴儿来说会变得非常重要。从某种意义上说,这是婴儿的第一份财产,是世界上第一件属于婴儿的东西,但它不像手指或嘴巴那样是婴儿的一部分。因此,这个物品的重要性就在于证明了婴儿与世界的关系的开始。

这些东西是随着安全感以及婴儿与一个人的关系的建立而开始发展的。它们证明在孩子的情感发展中事情进展顺利,而且对"关系"的记忆开始建立起来。这些记忆可以在与其他物体的新关系中再次被利用,我自己把它称为过渡性客体[1]。当然,这不是说物体本身是过渡性的;而是它代表了婴儿从与母亲融合的状态过渡到与母亲相关联的状态,这里的母亲是作为外部独立的东西而存在的。

虽然我想强调这些现象中所隐含的健康信息,但我不愿意给人这样的印象:如果一个婴儿没有发展出我上面所描述的那种兴趣,就一定有问题。

在某些情况下,一些婴儿会专注于母亲,母亲本身才是婴儿所想保留和需要的,而另一些婴儿则认为这个"过渡性客体"足够好,甚至是完美的,母亲在背景中存在就可以。其实,婴儿对某些物体产生特别的依恋是很常见的,这些物体很快就会获得一个名字,研究这个名字的来源是很有趣的:它往往来自婴儿在学会说话之前的一些单词。

一个孩子出生后,父母和亲戚会给婴儿送来柔软的玩物,这些玩物的形状(也许是为了给大人看的)常常是动物或婴儿的形状。不过从婴儿的角度来看,形状并不那么重要,更重要的是质地和气味,而气味尤其重要。了解这一点的父母知道,这些东西是不能随意清洗

---

[1] 过渡性客体是第一个"非我"所有物(the first not-me possession),它不是母亲所给予的,是儿童自己发现或创造的。它甚至比母亲重要,是儿童几乎无法切割的一部分。

的。在其他方面很讲卫生的父母往往发现自己必须容忍一个肮脏的、有气味的软物，只是为了得到安宁。长大了一点儿的婴儿需要这个东西：需要它从婴儿床和婴儿车上一次又一次地被扔掉后再被送回来；需要能从它身上扯出碎片，并在它上面滴水——事实上，没有什么事情不会发生在这个东西身上，它成为一种非常原始的爱的形式——混合了亲昵的爱抚和破坏性的攻击。

随着时间的推移，其他物体也被添加进来，而且这些物体被越来越逼真地塑造成动物或婴儿的样子。此外，随着孩子渐渐长大，父母会试图让孩子说"它"，这意味着孩子需要承认娃娃或泰迪熊来自现实世界，而不是从婴儿的想象中诞生的。

如果我们回到婴儿选中的第一个物体：也许是一条哈灵顿广场的方巾，或一条特殊的毛线围巾，或母亲的手帕——我相信，从婴儿的角度来看，我们这时用"它"这个词，以及要求孩子承认这个物体来自外部世界，是不合适的。

从婴儿的角度来看，这个"第一客体"确实是由他的想象力创造出来的。这是婴儿创造世界的开始，而且我们不得不承认，就每个婴儿而言，世界必须重新创造。除非世界是被创造出来的，也是被发现的，否则，所呈现出来的世界对于人类的新成员就没有意义。

婴儿在有压力的时候，尤其是在睡觉的时候，所使用的各种各样的早期物品和安慰技巧，是不可能合乎成人的逻辑的。

一个女婴用她母亲的长发来爱抚自己，同时吸吮拇指。当她自己的头发足够长时，她就把它——而不是她母亲的头发——拉过来挨着自己的脸，并在要睡觉时嗅着它，她经常这样做。后来她长大了，想把头发剪成男孩的样子。她对自己的短发很满意，可到睡觉时，她就变得很疯狂。幸运的是，父母保留了她剪下的头发，并给她做成一个发套。她立刻用惯常的方式把它放在脸上，闻了闻，然后高兴地睡了。

一个小男婴很早就表现出对彩色毛毯的浓厚兴趣。在他一岁之前，他就尝试着根据颜色来整理他所拔出的羊毛绒线。在成长中，对羊毛的质地和颜色的兴趣从未离开过他，所以后来他就成了一家纺织厂的颜色专家。

这些例子的价值，在于它们说明了一个现象：健康的婴儿在面临压力和分离的时刻，会广泛地采用自我安慰的技巧。几乎任何一个照顾儿童的人都可以提供一些例子，每一个例子都很吸引人，只要人们能意识到每一个细节都很重要，很有意义。有时，我们发现的婴儿需要的安慰剂不是物体，而是行为或技巧，如哼唱；或更隐蔽的活动，如看灯光；或研究在微风中轻轻摆动的两个窗帘之间的间隙；或眼前两个物体的重叠，它们在根据婴儿头部的运动而改变彼此的关系……也有些时候，婴儿用思考代替了外部可见的活动。

为了强调这些事情的正常性，我想请父母注意分离方式对婴儿与过渡性客体的影响。

简单地说，当母亲（或婴儿所依赖的其他人）离开时，婴儿不会立即发生变化，因为婴儿有一个内在的母亲，这个母亲会在一定的时间内保持活力。但如果母亲离开的时间超过了一定的限度，内在的母亲就会消失；同时，所有这些过渡性的客体都变得毫无意义，婴儿也无法利用它们。我们看到，一个必须被哺育或喂养的婴儿，如果让他独自一人面对分离，他就会倾向于进入寻求强烈感官刺激的活动，从而失去整个温柔接触的中间区域。

如果间隔时间不是太长，随着母亲的回归，婴儿会重新建立一个新的内在的母亲，这需要一些时间。内在母亲重建成功的标志，表现为婴儿的外在行为恢复了活力。类似情况，我们在小婴儿身上看到更加明显：当孩子在最后阶段感到被遗弃，就变得不能玩耍，也不能亲近或接受亲情的抚慰。伴随着这一点，众所周知，孩子可能会出现强迫性的性活动。

被剥夺了依赖权利的儿童在恢复的阶段所出现的偷窃行为，可以说是在寻找过渡性客体的一部分，这种客体由于内在母亲的死亡或消退而消失不见了。

一个小女婴总是吸吮缠绕在她拇指上的一块粗糙的破布。三岁时，她的拇指吸吮物被拿走，父母用这种方式"治愈"了她的"毛病"。后来，她患上了非常严重的强迫性咬指甲，并在睡觉时强迫性地阅读。

十一岁时，有人帮助她记起了那块布，回忆起了上面的图案以及她对它的喜爱，于是这个孩子咬指甲的现象就停止了。

健康的孩子在成长中，都有一个从使用过渡客体到整个游戏能力的演变过程。很容易看出，游戏对所有儿童都至关重要，游戏能力是情感发展健康的标志。请大家注意，这一点的早期版本，是婴儿与第一个物体的关系。我的愿望是，如果父母明白这些过渡性客体存在于孩子的世界里是正常的，而且确实是孩子健康成长的标志，那么每次带孩子旅行都带着某些令人好奇的东西时，他们就不会感到羞耻。他们也不会表现出对这些东西的不尊重，而且会尽一切可能避免它们丢失。而且父母不用担心——就像老兵会退役一样，这些东西也会逐渐从孩子的生活中消失。换句话说，它们会成为一个过渡性的现象，延伸到儿童游戏、文化活动和兴趣的整个领域——那是介于外部世界和梦境之间的广阔区域。

显然，将外部客观世界与梦境区分开来是一项沉重的任务。这是一项我们都希望能够完成的任务，这样我们就可以声称自己是理性而客观的。

然而，我们需要从这种区分中得到一个休息的地方。一般我们会在文化兴趣之类的活动中得到它。而对于小孩子来说，可以有一个比成人更广阔的领域。在这个领域里，想象起着主导作用，利用客观世界的游戏规则，但又保留了梦想的所有强度，这被认为是儿童生活的特点。而对于刚刚开始执行"成人理智"这一可怕任务的婴儿来说，也应该被允许有一个中间地带，特别是在清醒和睡眠之间的状态里。而前面所提到的这些现象和使用的物体，就属于世界给予婴儿的休息场所，我们只是期望从现实中分辨出梦境。

作为一名儿童精神病学家，当我与儿童接触时，惊讶地发现他们在画画或谈论自己的梦想时，很容易记住这些非常早期的物体。他们常常让身边的人感到惊讶，因为他们记得成人早已忘记的一些布片和奇怪的东西。如果某一件物品仍然可用，那么孩子就会从残存的记忆里知道，这件东西还在那里：也许就在抽屉的后面，或者在橱柜的顶层。对孩子来说，不仅仅这些物品丢失时会痛苦，还有一些意外的情况，比如，不了解其真正意义的父母把它们送给另一个婴儿时，孩子也会感到痛苦。

有些父母对这些物品非常熟悉，以至于一有婴儿出生，他们就把家里的过渡性物品拿出来，和婴儿塞在一起，期望它们对新来的婴儿产生与上一个婴儿相同的影响。自然，他们很可能会失望，因为以这种方式出现的物品可能对新生儿有意义，也可能没有。不过我们倒是很容易看到这种方式的危险性，因为在某种意义上，这种方式剥夺了属于新生儿的创造机会。当然，孩子能够利用家里的一些物品，对他的成长是非常有帮助的。这些物品可以被赋予一个名字，而且往往几乎成为家庭中的一员。婴儿对这些东西的兴趣会逐渐扩展、迁移，并最终对洋娃娃、其他玩具和动物产生关注。

过渡性客体以及中间区域这个主题，对父母来说是一项令人着迷的研究。他们不需要自己是心理学家，仅仅根据观察和记录这些日常现象，就能清晰看到孩子依恋和情感发展的成长技巧，获得大量的益处，而这些技巧是每个婴儿都具有的。

第二十六章　对普通父母的支持

读到这里，你会发现，我说的都是一些积极的东西。我没有告诉父母如何克服困难，也没有说明当孩子出现焦虑迹象，或者当孩子看见父母争吵时，父母应该怎么做，我只是对正常父母的健全本能给予支持，针对的是健康孩子的普通家庭和普通父母。要说的东西很多，在这里我试着讲一讲。

有人可能会问：为什么要不厌其烦地向那些已经做得很好的人说这么多？那些处于困境的父母才有更大的需求吧？好吧，我尽量不被那些不幸所淹没，其实我知道，在英国，在伦敦，在我工作的医院周围的地区，都无疑存在着很多的痛苦。我非常了解这种痛苦，以及普遍存在的焦虑和抑郁。但我认为，稳定和健康的家庭才是我们的希望，这些家庭是保障社会未来几十年稳定的唯一基础。

也有人可能会这样问：为什么你只关心健康家庭，而且你的希望也只建立在这些家庭之上？他们不能自己管理好自己吗？好吧，我有一个非常好的理由，那就是我们身边存在着破坏这些美好事物的趋势。某个东西因为它是好的，人们就以为它不会受攻击，这种想法是不明智的；恰恰相反，最美好的东西要想生存下来，就必须加以保护，这才是真的。人们总是憎恨好的东西，害怕它，总会潜意识地去加以破坏，这些或明或暗的破坏到处以干涉、上不得台面的规矩、法律限制和各种愚蠢的形式出现。

我的意思并不是说，家长们被官方政策命令或压制了。在英国，国家努力让父母自由选择，接受或拒绝国家提供的服务。当然，出生和死亡必须登记，某些传染病必须报告，儿童从5岁到15岁必须上学。男孩和女孩如果违反了国家法律，就要与他们的父母一起受到某种形式的强制。然而，国家的确提供了大量的服务，父母可以接受这些服务，也可以不接受。仅举几例：幼儿园、天花疫苗接种、白喉疫苗接种、产前和婴儿福利诊所、鱼肝油和果汁、牙科治疗、婴儿的平价牛奶和青少年的学生奶。所有这些，都是可以得到但并非强制性的。所有这些都表明，今天的英国政府承认一个事实，即一位好母亲可以正确判断什么东西对她的孩子有利，只要她清楚客观事实，并接受了教育，就能了解孩子的需要。

问题是，如之前提到过的那样，那些具体管理公共服务的人，并不是每个人都相信母亲有能力比其他人更好地理解她的孩子。医生和护士往往对一些父母的无知和愚蠢印象深刻，以至于他们考虑不到其他家长的智慧。或者说，人们经常注意到母亲缺乏信心的现象，很大部分是由于医生和护士的专业培训造成的。医生和护士对身体的健康和疾病有着专业的知识，但他们不一定有资格了解父母的全部任务。当母亲质疑他们的专业建议时，他们很容易认为她是出于指责的目的，而实际情况则是，作为母亲，她知道在孩子断奶时把他带到医院会对他造成伤害，或者她的孩子在被送进医院进行割礼之前，她认为应该更多地了解这个事情的前因后果，或者她的小女儿非常紧张，眼下并不适合注射和接种疫苗（除非真的有得传染病的风险）。

如果医生决定切除孩子的扁桃体，而母亲感到担心，她该怎么办呢？医生当然清楚扁桃体的情况，但他往往不能给母亲留下好印象，因为他没有去真正了解：在孩子太小，无法向他解释的情况下，对这个自我感觉良好的孩子进行手术，是多么严重的事情。母亲需要坚持自己的信念，在可能的情况下尽量避免这样的事件。如果她相信自己的直觉，而且受过有关孩子人格发展的教育，她可以向医生提出她的主张，发挥她的作用，和医生一起做出决定。一个尊重父母感受的医生，也容易赢得父母对他所具有的专业知识的尊重。

父母知道，自己的孩子最初需要在一个简单的环境里成长，成长到他们能够理解一些复杂事物的重要性，并因此能够接受这些复杂的事物。如果他们的孩子真的需要切除扁桃体，那也应该等到那一天，可以在不损害其人格发展的情况下进行手术。可以这么说，到那时，孩子们甚至可以在切除扁桃体的治疗过程中找到乐趣，并在经历过这种不属于日常生活的巅峰之后，让成长向前迈进一步。但这一时间取决于孩子是什么样的孩子，而不仅仅关乎年龄。这个合适的时机是否到来，只有像母亲那样与孩子亲密接触的人才能做出判断。不过可以肯定的是，医生应该能够帮助母亲想明白这一切。

国家对父母进行非强制性教育的政策确实是明智的，而下一步就是对那些管理公共服务的人进行教育，加深他们对普通母亲的感情和对儿童成长的本能知识的尊重。母亲是自己孩子的养育专家，如果她没有被权威的声音吓倒，就可以发现，母亲很清楚在养育孩子的问题上什么是好，什么是坏。

对孩子，父母是负责任的人。凡是不支持这个观点的行为，从长远来看，都会对社会的核心力量造成伤害。

一个人在一个家庭中，从婴儿成长为儿童和青少年，这是一个持续的过程。在这段经历中，这个人会认为自己有能力应对自己的局部问题，而这个局部其实是外面世界的缩影，在这个局部环境（家）里，所经历的事情在感情强度和经验丰富性方面都与外界环境差不多，只是在复杂程度上相对较小。

如果我的写作能刺激其他人更好地做我在这里所做的事情，能支持到普通的父母，给他们提供真实和正确的理由，让他们有良好的直觉感受，我就满足了。作为医生和护士，让我们为病人的身体和精神尽我们所能，让国家为那些由于某种原因而陷入困境、需要照顾和保护的人尽它所能。但我们也要记住，有一些健康的男人和女人——这是值得庆幸的，特别是在年轻的社会成员中——他们不惧怕面对自己的感情与感受，我们也不需要害怕他们的感情与感受。为了发挥父母的优势，我们必须让他们对属于他们自己的事情，即他们自己家庭里孩子的养育，承担全部责任，也赋予他们全部的自由。

人世间

第二十七章　五岁以前孩子的需要

婴幼儿早期的需求是相对固着、不可改变的。

我们有必要用发展的眼光看待儿童，因为这样才有益于孩子的成长。对于五岁以下的孩子，这一点尤其重要。因为每个四岁的孩子身上，也会存在着三岁、两岁、一岁的幼儿，或者正在断奶的婴儿，或者刚出生的婴儿，甚至是子宫里的胎儿的情感特质……孩子们的情感年龄会循环往复地出现。

从刚出生的婴儿到五岁的孩子，在人格和情感的成长方面，是一个漫长的距离。环境必须提供某些条件，才能让孩子顺利走完这段距离。环境提供的这些条件只需要刚刚好，不需要完美无缺，因为随着孩子的心智不断成熟，他越来越能够接受失败，并且可以预先准备来处理挫折。众所周知，儿童成长所需的条件并不是静止的、固定的，而是根据孩子的年龄不同，会不断变化。

我们来仔细观察一下四岁的健康男孩或女孩。在白天的课堂上，他们看上去已经像成年人那样的成熟、世故了。男孩已经能够认同父亲，女孩能够认同母亲，而且还有交叉认同的情况。这种认同能力表现在实际行为中，表现在某些时间、地点承担的责任中，也表现在游戏里：孩子对于婚姻、父母身份和教育的任务与乐趣，在游戏里明显地显示了出来。除此之外，认同还表现在孩子充满暴力的爱和嫉妒中，这是这个年龄的特点；这些强烈的爱和嫉妒存在于孩子白天的幻想中，更存在于孩子的睡梦中，而且后者才是根本性的存在。

这些都体现了健康的四岁儿童的成熟程度，它们来自孩子的本能，而本能是兴奋的生物基础。基于本能的兴奋，其表达是有一定顺序的：先是本能张力的积累与不断增强的紧张程度，直至抵达高潮，然后在某种形式的满足之后，进入放松状态。

五岁之前的孩子处于三角人际关系的顶端。在发展顺利的情况下，这个年龄段的孩子在梦里也是精力旺盛、情绪强烈的，这样的梦标志着本能的生物驱力被孩子所接纳。对于一个孩子来说，让心智发展跟上生理的成长节奏并非易事，所以在梦中，以及在清醒背后的潜在幻想中，孩子的身体机能也会被卷入强烈的关系中，感受爱，感受恨，也感受内在的冲突。

这就意味着性的全部内容都在儿童正常成长的范围内，只是受到身体不成熟的生理限制。而在象征性的形式中，在梦中和游戏中，性关系的细节已经存在，并成为童年不可缺失的经验。

发育良好的四岁儿童的需求，是可以拥有父母的认同。在这个重要的年龄段，道德约束和文化灌输都没有用。起作用是父母和父母的行为，以及孩子所认为的父母双方的相互关系。正是这些因素，让孩子选择接受、模仿还是反对；也正是这些因素，让孩子在自我发展的过程中，以各种方式使用他所认同的技巧，并形成独特的个体。

此外，以父母关系为基础的家庭，需要通过自身的存在和运转来履行其功能。孩子所表达的仇恨以及在梦境的可怕场景中出现的仇恨，之所以能被孩子接纳，是因为即使出现最坏的情况，家庭仍在继续运作，稳定地存续。对于孩子，这无疑是最大的幸运。

虽然一个四岁半的孩子有时会成熟得惊人，但当手指被割伤或偶然摔倒而被扶起时，他却可能突然变成两岁的孩子，在睡觉的时候也很可能变得相当幼稚。任何年龄的孩子如果需要慰藉时，都需要身体形式的爱，希望被充满爱意地抱着，这种爱是母亲的子宫和怀抱曾自然给予婴儿的。

事实上，婴儿并不是一开始就能认同其他人的。必须在逐步建立起一个作为整体的自我之后，才能一点儿一点儿地发展出这种能力，即感觉到外面的世界和内在的世界是相关的，但它们又与自我不一样，自我是个别的、独特的，任何两个孩子的自我都永远不一样。

孩子的成长在三至五岁之间时，是否达到了与之相适应的健康的成熟度，这对儿童的未来发展至关重要。同时，五岁以下儿童，其身心成熟度通常是各种的成熟与不成熟同时存在，彼此交融。这些不成熟是早期健康依赖状态的残留物，存在于所有早期成长阶段的健康依赖里。我们与其试图描绘四岁儿童的综合图景，不如去探寻一下孩子在各个发展阶段的状态。

即使在一个简化的说明中，我们也必须在家庭关系中把以下内容分开来讲述：

（1）稳定的三角关系（由整个家庭所拥有）。
（2）二元关系（母亲向婴儿介绍世界）。
（3）母亲对未整合状态的婴儿的抱持（在婴儿的自体和自我统一体完整建立之前，将婴儿看做是完整的个体）。
（4）在日常生活照料中贯注的母性之爱（母亲的天赋）。

（1）稳定的三角关系

当孩子成长为一个完整的人，并且周围也是完整的人时，就会形成三角关系。在潜意识的梦幻中，孩子爱着父母中的某一方，因此憎恨另一方。某种程度上这种恨会以直接的形式表达出来，这对孩子来说是幸运的，因为他能把早期阶段所有潜在的攻击性残留物聚集在一起，用于表达这种恨，而且这种恨是可以接受的，因为它的基础是原始的爱。然而，某种程度上，这种仇恨也被吸收在孩子对梦中对手的认同里。"家庭"以自己的功能承载着孩子和孩子的这种梦想，并让三角关系的原型有一个现实的存在形式。虽然三角关系的核心主题是孩子与父母的关系，但这种形式也存在于各种近似的人际关系中，这些关系是从核心主题扩散出来的，在扩散过程中，源于本能的情感张力逐渐减少，直到它们在真实情况下变得可以用意识与理性来应付。

游戏在这里特别重要，因为它既是真实的，也是梦幻的。游戏中孩子可以经历各种浓烈的感觉，如果不是因为游戏的存在，那些过于浓烈的感觉就只能被封锁在不被记起的梦里。而游戏最终会结束，那些在游戏中相互战斗的人就会收拾好东西一起坐下喝茶，或准备洗澡和听睡前故事。此外，在游戏中（在我们设定的幼儿或儿童时期），附近总是有一个间接参与的成年人，而且他随时准备接管对局面的控制权。

扮演父母亲与扮演医护人员，是孩子最常玩耍的游戏，对这两种童年游戏的研究，很容易给刚接触儿童游戏这一主题的人带来启发，还有基于模仿母亲在家里工作和父亲的行业工作的其他游戏。当然，与研究儿童的梦境相比，对儿童游戏的观察相对简单，也不需要特殊的技巧，而前者对于潜意识的理解也比后者更深入。

（2）二元关系

在生命的更早期，个体进入的不是三角关系，而是婴儿与母亲之间更直接的二元关系。母亲以极其微妙的方式将世界介绍给婴儿，并在一定范围内缓解冲击，以正确的方式、在正确的时间，提供给婴儿需要的东西。很容易看出，在这种二元关系中，婴儿需要处理的困难比三角模式里少得多；换句话说，婴儿可以有更大的依赖性。前提是，这里是两个完整的人，彼此密切相关，相互依赖。如果母亲本身是健康的，不焦虑、不抑郁、不糊涂，也不拖泥带水，那么在母婴的日常相处中，孩子的个性成长就有充裕的空间。

（3）母亲对未整合状态的婴儿的抱持

当然，在二元关系之前，婴儿有更大程度的依赖性。母亲需要作为一个在攻击中稳定地生存下来的人，能整合构成婴儿生活的各种感受、感觉——兴奋、愤怒、悲伤等，但婴儿自己却还不能容纳这些。这个时期的婴儿还不是一个完整的个体。母亲抱着的婴儿，是一个正在成长的小小人。如果有必要，母亲可以在她的脑海中回顾这一天对婴儿的意义。她很明白，在婴儿无法感受到整合的时候，是她把她的婴儿当作标准意义上的人类，而不是一个不成熟的小东西。

（4）在日常生活照料中贯注的母性之爱

在婴儿的最早期，母亲抱着她的婴儿，这里我指的是物质意义上的身体的抱持。所有最早期的身体护理细节，对于婴儿除了具有生理价值，也具有心理价值。母亲积极适应婴儿的需要，而且力求在一开始就让这种适应非常完整。正如人们所说的，母亲本能地知道什么需求即将变得紧迫。她以唯一不会造成混乱的方式向婴儿展示世界，即在婴儿的需要出现时及时满足它们。此外，通过照顾身体和给予身体满足的方式，母亲向婴儿表达爱，使婴儿身心一体，并让自己成为一个可以被发展中的个体（婴儿）所认可的人。

以上四点基本需求，是以家庭中各种变化对儿童发展的影响为基础而提出的。儿童的需求在发展中不断变化，它们各自都是绝对的、不可更替的。如果不能满足这些需要，就会导致儿童个体发展的扭曲。而且有一个公理，即越是在早期的原始需求越应该被重视，因为越早期的个体对环境的依赖性越大，因而不能满足这种需求的后果就越是灾难性的。对婴儿的早期照料是一个超越于意识和逻辑之外的问题。婴儿需要的是爱，我的意思是，只有爱婴儿的人才能对婴儿的需求做出必要的适应，只有爱婴儿的人才能适应失败，跟随孩子个人能力的发展，并积极利用失败。

五岁以下儿童在身心成长方面的需求，都属于人的基本需求，是一些原则性的需求，这些原则适用于过去、现在和未来的人类，在世界任何地方，在任何文化中，都不会改变。

关于养育，父母和他们的工作意识

今天的年轻父母对于儿童养育，似乎有一种与以前观念不同的"职业"意识；这是统计调查中没有出现的重要事情之一。现代父母有等待的耐心；他们对养育孩子做出规划，他们阅读和学习。他们知道自己只能给两个或三个孩子适当的关注，因此他们准备以最好的方式来完成有时间期限的父母职责：不用看护人员，他们自己带孩子。当一切发展顺利时，父母直接带孩子，其感受的强烈程度和丰富性都令人震惊。我们期待并发现，随着看护人员在家庭中的消失，父母和孩子之间的三角关系成为现实。

可以看出，父母如此用心地对待养育孩子这件事情，将它设定为一项重要工作，让他们的孩子起步于心理健康的大道上，这些父母本身就是讲求人性的个人主义者。正是这种个人主义，让父母关注自己进一步的个人成长。这样，在现代社会中，身心扭曲的虚伪之人才会越来越少。

这些以做事业的态度来对待儿童养育的父母为婴幼儿提供了足够丰富的环境。此外，当有真正的帮助出现时，这些父母会加以利用。但这种帮助必须是以不损害父母的责任感为前提的。

对于家里先出生的孩子——那些哥哥姐姐来说，新生儿的出生对他们可能是一个宝贵的经验，也可能是一个大麻烦。愿意花时间考虑这个问题的父母，能够避免一些兄弟姊妹相处中的问题与失误。然而，我们不能指望仅凭着反复思考就能防止爱、恨和忠诚的冲突。成长本身就是充满困难的，三到五岁的孩子，想要正常健康地成长，需要面临的困难与挑战尤其多。幸运的是，生活也会给他们提供保障，在这个年龄段，只要家庭稳定，孩子在父母的相互关系中能获得幸福和满足的感觉，就有健康成长的希望。

力求成为恰到好处的父母，这样的家长真的是给了自己一个很大的任务，而且始终存在着没有回报的风险。许多偶然因素都可能使父母功败垂成，但幸运的是，现在的孩子们所面临的身体疾病的风险，比二十年前要少得多。父母愿意研究和顺应孩子成长的需要，这当然很好；但也必须记住，如果父母之间出了问题，他们显然也做不到因为孩子需要稳定的家庭关系而彼此相爱。

社会和它的责任感

今天社会对婴儿和儿童护理的观念已经发生了巨大变化。现在人们认识到，婴幼儿时期为个体的心理健康奠定了基础，并最终为成年人的成熟奠定了基础，心理健康的成人，能够认同社会而不丧失自我意识。

20世纪上半叶，儿科的巨大进步主要体现在身体方面。人们的想法是，如果儿童的身体疾病能够得到预防或治愈，那么在心理方面，儿童就可以自己照顾自己了。今天，儿科仍然需要超越这一基本信念，找到一种在不失去对身体健康进行充分护理的情况下实现儿童心理健康的方法。

约翰·鲍尔比（John Bowlby）博士致力于研究母亲分离对孩子的不良影响，随着人们对这件事情的了解，在过去的几年里，医院已经在住院治疗和探视程序上做了很大变化，现在母亲可以去医院探望孩子，并尽可能避免分离。此外，在照料贫困儿童方面的政策也发生了变化，集中管理的托儿所几乎被废除，寄养家庭日益增多。

但是在这些问题上，与家长合作的儿科医生和护士仍然对小孩需要与母亲和父亲保持联系的原因缺乏真正了解。然而，让人们认识到，通过避免孩子与母亲和父亲不必要的分离可以预防许多精神疾病，这就是一个重要的进步。如何更好地帮助儿童在正常家庭环境中建立心理健康，仍然是现在需要努力去做的事情。

同样，今天的医生和护士对于怀孕和分娩以及婴儿在出生后头几个月的身体健康有很多了解。然而他们不知道如何在第一次喂养孩子时让母亲和婴儿联结在一起，因为这是一个微妙的问题，超越了规则和条例，只有母亲自己才能知道如何做。而在母亲刚开始与婴儿相处时，各路专家的干预对母亲们普遍造成了极大的困扰。

我们需要看到，在这个领域受过训练的工作人员（产科护士、健康顾问、幼儿园教师等，每一位行业内的专家）与父亲或母亲相比，可能是一个不成熟的人格，而父母对某一具体问题的判断可能比工作人员的判断更合理。如果理解了这一点，就不会在专业援助和父母本能之间造成困难。训练有素的工作人员是有必要存在的，因为他们有特殊的专业知识和技能。但他们的援助也应该止步于专业技能。

一直以来，父母需要的是一些启发，帮助他们了解错误背后的原因，而不是具体的建议，也不是流程上的指导。必须为父母提供可以实验和犯错误的空间，他们才有学习的机会。

今天社会个案工作有向心理学领域扩展的趋势，这种工作方式通过接受通行的管理原则，已经证明其在预防问题方面的价值。但这种工作方式却对正常或健康的家庭生活构成了巨大威胁。我们应该记住，国家整体健康的基础是健康的家庭单位，在健康的家庭中，父母都是情感成熟的人。因此，这些健康的家庭是神圣的领域，除非社工人员对积极的价值观有真正的理解，否则就不要贸然插手干预健康家庭的运行。当然，健康的家庭单位也需要其他单位的帮助。所以父母一直在构建他们自己的人脉关系，他们也需要依赖社会来获得自己的幸福和社会融合。

缺乏兄弟姐妹的人

随着独生子女的增加，现在的家庭模式比之前有一个重大变化，就是一个家庭中不仅缺乏同胞兄弟姐妹，而且也缺乏表兄弟姐妹和堂兄弟姐妹。不要认为，我们可以通过提供玩伴来模拟兄弟姐妹。血缘关系在儿童的二元关系和三角关系、从母亲与父母双亲向社会更广泛的转移过程中，是极其重要的。可以预见的是，现代的孩子往往缺乏大家庭时代的那种帮助。一个孩子没有堂表兄弟姐妹在今天很常见，对于独生子女来说，这更是一个严重的问题。

如果这一客观事实被接受，我们可以说，能给予现代小家庭的主要帮助，就是扩大发展关系的范围。幼儿园、托儿所和日间托儿所可以做很多事情，如果这些机构不是太大，而且人员配备适当的话。所谓人员配备适当，我指的不仅是充足的人员配置，而且还包括对工作人员进行婴儿和儿童心理学方面的教育培训。父母可以利用托儿所让自己休息一下；孩子也能在这些机构中获得与成人和其他小孩子建立联系、互动的机会，并扩大游戏范围。

许多正常或基本正常的父母，如果他们整天整晚都必须照料孩子，他们就会对孩子感到烦躁，但如果有一些时间让他们休息或调整，他们就可以在其余时间对孩子很好。我特别请大家注意这一点，因为在我的实践中，总能遇到母亲们为了自己的健康和平静而寻求兼职工作并渴望得到帮助。这里有很多可以讨论的余地，但对于健康的家庭，父母可以就孩子上幼儿园或日间托儿所的事情（我希望大家能接受这并不是一种罕见的现象）做出符合自己实际情况的灵活决定。

在英国，幼儿园教育已经达到了很高的水准。我们的幼儿园在世界上处于领先地位，部分原因是受玛格丽特·麦克米伦和我已故的朋友苏珊·艾萨克斯的影响；此外，针对幼儿园教师的教育工作已经影响了后面各个年龄组的整体教学态度。如果没有看到幼儿园对普通健康家庭的帮助，那将是一件很悲哀的事情。

相比之下，当局对日间托儿所的人员配备与设施就不如幼儿园那么在意。日间托儿所比幼儿园更有可能受到医疗机构支配，而忽略婴儿的身心成长。

我是一名医生，只能很抱歉地说，医疗部门似乎认为，让婴儿没有身体疾病才是最重要的。然而，日间托儿所其实可以做更多真正需要做的工作，可以有更合适的人员和设施，成为一个高度专业化的照料婴儿的地方；最重要的是，可以使疲惫和忧虑的母亲成为足够好的母亲，因为日间托儿所让她们有一个休息的时间。

日间托儿所将继续得到官方的支持，因为它们对处于困境中的社会有更明显的价值；应该让它们有良好的设施和合适的人员，以避免它们对健康家庭的正常儿童造成伤害。高质量的幼儿园可以帮助现代家庭合理地扩大原本孤独的小孩子的人际关系，满足健康家庭的需要，它对社会具有非常特殊的、无形的、难以估量的价值。我们认真对待现在，社会就有一个充满希望的未来，而健康的家庭是这个未来的基础。

第二十八章　母亲、教师和孩子的需要

　　幼儿园的功能不是替代缺席的母亲，而是补充和扩大母亲在孩子最初几年的作用。最为合适的观点是，幼儿园可以被认为是家庭功能的"向上"延伸，而不是小学阶段的"向下"延伸。因此，在详细讨论幼儿园，特别是幼儿园教师的作用之前，我们先总结一下婴儿需要从母亲那里得到什么，以及母亲在促进孩子最初几年的心理健康与逻辑发展方面所起的作用。只有根据母亲的作用和孩子的需要，才能真正了解幼儿园如何延续母亲的职能。

　　任何关于儿童在婴儿期和学龄期的需要的陈述，如果只力求简短、断章取义的话，就必然对这个主题造成严重的不公正。然而以我们目前的认知水准，也很难期望对这个阶段的孩子的需求有一个完全一致而又详细的陈述。好在，对那些特别关注婴儿期心理发展的临床研究的专家们来说，以下概括性陈述应该是可以被普遍接受的。

　　关于母亲、幼儿园老师和大孩子的老师他们各自的角色，有必要先说几句。[1]

---

[1]　本章内容的主体部分摘自联合国教科文组织的一份报告，作者是完成该报告的专家小组成员之一，因此本章不完全是他的作品。本书的英文原版中没有标著文献名及该专家小组其他成员的名字，因此无法列示，特此说明。——编者注

第二十八章 母亲、教师和孩子的需要

母亲不需要对她的工作有太多知识上的理解，因为她与自己的孩子在生理上的天然关联使她适合于这项工作，并深得要领。是她对自己婴儿的全心奉献，而不是她的知识，使她足以在婴儿培养的早期阶段取得成功。

一个年轻的幼儿园教师，除了让孩子完成对母亲形象的间接认同之外，在生物学上并不存在与任何一个孩子有特殊的关联性。因此，她需要逐渐认识到，婴儿成长和适应是一个复杂的心理过程，需要特殊的环境条件。对于她所照顾的孩子，基于心理学范畴的充分讨论将使她能够认识到儿童情感正常发展的动力源泉。

相比之下，学校高年级的教师必须更有能力从智力层面理解孩子成长和适应问题的本质。幸运的是，作为教师，他也不需要知道所有的事情，只需要明白这个问题的复杂性，在心理上接受适合孩子成长的动力体系，并通过客观观察和有计划的系统研究来增加他对成长过程中细节的了解。与儿童心理学家、精神病学家和精神分析学家一起讨论，当然还有阅读，这些都会对教师有很大帮助。

在孩子成长的过程中，父亲的作用极其重要。开始时，他的作用主要是为妻子提供物质和情感支持，然后，他会逐渐与婴儿建立直接关系。在孩子上幼儿园的时候，父亲可能已经比母亲更重要了。然而，在下面的陈述中，我还是可能无法对父亲的作用做出全面公正的评价。

幼儿园时期对孩子具有重要意义，是因为这个时期的儿童正从一个阶段向另一个阶段过渡。虽然从某些生理指标看，二岁至五岁的孩子达到了接近于青少年的成熟度，但在某些事情上，这些孩子（通常）也是不成熟和幼稚的。只有当母亲的早期养育相当成功，而且父

母能持续提供恰当的成长环境时，幼儿园教师才能在学前教育之外，发挥其第二位的母性功能。

实际上，幼儿园的每个孩子，在某些时候和某些方面，都是需要母亲（和父亲）照顾的婴儿。此外，母亲的养育都会存在某种程度的缺失与过度，而幼儿园是有机会来补充和纠正母亲在养育上的失败的，当然前提是这些失败并不严重。由于这些原因，年轻教师需要学习和了解母爱，而这一点，教师可以通过与母亲们交谈和观察来实现。

童年的正常心理和早期的耻辱感

从两岁到五岁（或七岁）的时期，每个正常的婴儿都在经历最激烈的身心冲突，这些冲突是由快速发展的丰富感情和与他人建立关系的强大本能趋势所导致的。这个年龄的孩子，其本能发展已经不像婴儿早期那样单纯，婴儿早期的本能主要是消化系统的摄入与排泄，而五岁左右的孩子，其本能更像后来在青春期所具备的、类似于成人、以性欲为基础的本能。孩子在意识层面和潜意识层面的幻想世界已经具备了新的内容，这些新的内容可以让孩子去认同母亲和父亲、妻子和丈夫等各个角色，而这些幻想所带来的身体的兴奋状态也是和成年人相类似的。与此同时，孩子在这个阶段，开始以"完整的人"的身份，与其他人建立关系。此外，在这个年龄段，小男孩或小女孩仍在学习感知外部现实，并进一步理解母亲对于自己的意义。他们越来越明白，母亲有属于母亲的生活，她实际上不能被自己完全占有，因为她同时属于别人。

所有这些身心发展的后果就是：孩子在"爱"之后体验到了"恨"，开始感受嫉妒和痛苦的情感冲突，有了属于个人的痛苦；当

第二十八章 母亲、教师和孩子的需要

冲突过于激烈时，会引发自主能力的完全丧失、抑制、压抑①等反应，导致症状的形成。有些感觉需要直接表达，但随着儿童的成长，他们越来越能够学会通过游戏，或以语言为媒介进行自我表达，来获得身心的缓解。

在这些问题上，幼儿园有明显的重要功能。其中之一就是，幼儿园能每天为孩子提供几个小时的轻松的情感氛围，而不是家庭中高浓度的情感氛围。这为孩子的个人发展提供了可以呼吸透气的空间。此外，在幼儿园也可以形成新的三角关系，并且可以在孩子们之间表达出来，而不用像在家里那样高度紧张。

学校可以在某种程度上模拟家庭，但对儿童来说，学校并不能成为家庭的替代品，虽然它可以通过教职员工和其他孩子为儿童提供机会，让儿童与父母以外的人建立深厚的个人关系，并提供一个宽容而稳定的框架，让儿童在这个框架中可以安全地体验生活，但家庭仍然是孩子最重要的环境。

我们也要记住，在儿童的成长过程中，他们在某些方面可以表现得成熟，而在其他方面会有不成熟的地方。例如，孩子准确感知外部世界的能力还没有完全发展起来，所以我们需要接受孩子对世界有一个主观的而不是客观的概念，特别是在睡梦中和刚醒来的时候。当过度的焦虑威胁到孩子时，孩子很容易退行回到婴儿的依赖状态，其后果往往是尿失禁，或者婴儿式的、对挫折无法容忍的崩溃。由于儿童具备这些不成熟的特点，学校必须能够接管母亲的职能，像母亲在早期所做的那样，给回到婴儿状态的孩子以恢复的信心。

---

① 压抑（repression）是一种常见的心理防御机制，是个体受挫后将痛苦的记忆、情感与冲动排斥到意识之外，暂时缓解焦虑的一种自我保护方式。

幼儿园年龄的孩子没有能力来完成对同一个人的爱恨冲突。解决冲突的更原始的方法是将好的和坏的分开。母亲不可避免地在孩子身上既激发爱，也激发愤怒，但只要她持续存在并做她自己，通过这一点，她就能使孩子逐渐把她身上好的和坏的结合起来；孩子因此开始有了内疚感，并对指向母亲的攻击性感到担忧，这攻击性里既有对母亲的爱，也有对母亲的不满。

内疚和担忧等情绪的发展中，有一个时间因素。它们的发展顺序是：爱（有攻击性因素）、恨、消化期、内疚、直接表达或以建设性游戏进行补偿。如果缺少补偿的机会，孩子一定会丧失"内疚感"这种能力，并最终丧失爱的能力。幼儿园通过稳定的教职员工和提供建设性的游戏来接管母亲的工作，让每个孩子都能找到处理内疚的方法，以此应对攻击性和破坏性冲动。

对幼儿园时期的孩子来说，母亲已经完成了一项非常重要的任务，这个任务可以用"断奶"来描述。当孩子从家庭养育转为学校生活时，断奶的经验在某种程度上会重现，因此，了解孩子断奶的历史，对于年轻教师了解孩子在学校可能出现的最初困难有很大帮助。当孩子轻松地适应学校生活时，教师可以将其视为母亲成功完成断奶任务的延伸。

在其他方面，母亲也在不知不觉中完成了帮助孩子成长的重要任务，为孩子以后的心理健康打下了良好的基础。例如，如果没有她对外部现实世界的详细介绍，孩子就没有办法与世界建立起令人满意的关系。

幼儿园教育同样给孩子在梦想和现实之间的区域留出了空间；他们以积极的态度重视游戏，并采用故事、绘画和音乐等形式来开发游戏。在这一领域，幼儿园提供了丰富的内容，帮助孩子在自由的意愿和群体行为规则之间找到一种平衡。

通过不断地寻找和看到婴儿身上的人性，母亲帮助婴儿逐渐凝聚属于婴儿自己的人格，使婴儿的内在世界整合成一个完整的单元。这个过程到了幼儿园时期还没有完成，因此在这一时期，孩子依旧需要鲜明的个人特色：每个孩子都有自己的名字，每个孩子都有富于个性的着装，并根据不同情况被区别对待。在发展顺利的情况下，孩子的个性在一段时间内会变得稳固坚定，于是孩子会主动想参加集体活动，希望自己成为集体的一员。

从孩子的角度来看，婴儿从出生（或之前）开始，他们的身体发育同时也是一个心理成长的过程。母亲抱持孩子、给孩子洗澡、给孩子喂食，以及她对孩子所做的一切，构成了孩子对母亲的母体概念，并逐渐延伸至母亲的长相、其他身体特征和情感。

如果没有母亲一以贯之的养育、照顾，儿童就不可能发展出身心合一的感受能力，这种能力让婴儿感觉到身体是心理活动的载体。而当幼儿园继续为孩子提供物质环境和身体护理时，它在执行的主要任务同样包括精神与物质。喂食从来不是简单地提供食物，它是幼儿园教师继续母亲工作的另一种方式。幼儿园像母亲一样，通过喂养孩子来表达爱，并且像母亲一样，期待着被拒绝（憎恨、怀疑）以及被接受（信任）。在幼儿园里，不应该有不近人情或机械教条的地方，因为对孩子来说，这些情况就意味着敌意或（更糟糕的）漠不关心。

本节对母亲角色和儿童需求的描述表明，幼儿园教师需要接续母亲的功能，这与她的主要任务——为小学教育提供一些适应基础——是一致的。虽然目前幼儿园缺乏专职的心理学教师，但有一个可靠的、可以被幼儿园和教师所用的信息来源：通过观察母亲和父亲在家庭环境中照顾孩子的情况，幼儿园教师就能知道该如何做。

幼儿园教师的作用

我们可以假定，幼儿园在某些方面很好地补充和扩展了家庭功能，那么幼儿园的老师自然会接管母亲的一些属性和职责，但她不需要与孩子发展私人化的母子情感联结。她的责任是维持、加强和丰富孩子与家庭的个人关系，同时向孩子介绍一个人际关系更广泛、机会更多的世界。因此，从孩子第一次进入幼儿园开始，老师和母亲之间真诚友好的关系，将有助于唤起母亲的自信和孩子的安心。老师和母亲之间真诚友好的关系也将有助于老师发现和理解孩子所受家庭环境的影响，在许多时候，它既为教师提供机会，也帮助母亲对"母亲"这个角色建立更大的信心。

对于孩子，上幼儿园是一种家庭以外的社会经历。它会给孩子带来心理挑战，也给幼儿园老师提供了一个机会，让她为孩子的心理健康做出贡献。

孩子进入幼儿园，同时也可能给母亲带来焦虑，她可能没有理解孩子对家庭范围以外的发展机会的需求，还可能觉得，这种需求是由于她自己的不足造成的，而不知道这个需求属于孩子的自然发展。

这些孩子入园时出现的问题说明，在幼儿园期间，教师有双重责任，也有双重机会。她有机会帮助母亲发现自己的母性潜能，也有机会帮助孩子解决发展中不可避免的心理问题。

忠于家庭，对家庭保持尊重，是维持儿童、教师和家庭之间牢固关系的基础。

教师扮演的角色是一位热心和富有同情心的朋友，她不仅是孩子们离家生活的支柱，也是一个对孩子的各种行为言行一致、规则清晰的人，她能看出每个孩子的喜怒哀乐，能容忍孩子之间的不一致，并能在孩子有特殊需要时给予帮助。她发挥作用的基础，在于她与孩子、与母亲以及与孩子们所在的群体都保持着个人联系。与母亲相比，她拥有从培训中获得的知识技能，以及对她所照顾的孩子的中立态度。

除了教师与每个孩子、孩子的母亲以及儿童群体的关系之外，幼儿园的整体环境对儿童的心理发展也有重要贡献。它提供了一个更适合儿童能力水平的物理环境，与家庭不同。在家庭中，家具是按照成人的巨大尺寸来设计制作的，家庭中的空间往往被家具和日常用品所压缩，在家庭中，孩子周围的人不可避免地以保持家庭正常转动为首要任务，而不是专门为孩子创造一个以游戏为主的环境，使孩子能够通过游戏发展新的能力，而游戏是每个儿童发展的必要活动。幼儿园的场地和游戏设施就很好地满足了孩子的需求。

幼儿园还为孩子们提供了与其他同龄人相处的机会，这使孩子第一次体验到自己是平等群体中的一员，因此他需要在这样的群体中发展与其他人和谐相处的能力。

在婴幼儿早期，孩子同时承担着三项心理任务。

第一，他们正在建立自己作为"自我"的概念，并与他们开始设想的现实建立关系。

第二，他们也在发展与母亲建立关系的能力。

在孩子进入幼儿园之前，母亲已经使孩子在这两个方面得到了相当程度的发展，孩子入园其实是对母子二元关系的一种冲击。孩子通过发展另一种能力，即与母亲以外的人建立个人关系的能力，来面对这种冲击。幼儿园老师是孩子这种新的个人关系的对象，而不是母亲。所以老师必须承认，对孩子来说，她不是一个"普通"人，不能以"普通"的方式来应对孩子。例如,她必须接受这样的事实:孩子在刚开始与其他孩子分享老师时,会很不愿意,需要经过一个过程后,孩子才能逐渐接受"必须与其他孩子分享老师"而不感到难过。

随着身心的不断成长,孩子将发展出第三种能力:与多人建立关系的能力。"分享老师"的能力即是其中之一。

每个孩子到了幼儿园阶段,都会在这三个方面得到发展,这三个发展过程将并行不悖地进行。而发展结果则在很大程度上取决于孩子早期与母亲的关系体验。

每个发展过程都会存在挑战。在这三个发展过程中,孩子也会产生一些"正常"的问题,这些问题主要表现于孩子在幼儿园的行为里。尽管这些问题的出现是正常的和频繁的,但需要帮助孩子来解决这些问题,因为在这些问题上的失败可能会给孩子的一生留下印记。

学龄前的幼儿往往是自己强烈情绪和攻击性的受害者,因此,老师需要留意,保护幼儿不伤害自己,根据具体情况对幼儿情绪进行必要的控制和指导,此外,老师还要为孩子提供恰当的游戏,以引导幼儿将自己的攻击性释放到具有建设性的渠道上,并由此获得有效应对自己情绪的技能。

在整个幼儿园时期,家庭和学校之间存在着双向影响的过程,一方的压力会表现为另一方行为上的困扰。当孩子在家里受到刺激时,根据孩子在学校的表现,老师往往可以帮助母亲了解孩子在家庭中遇到了什么。

在了解正常成长之外,幼儿园老师还必须对孩子的突发行为和戏剧性变化做好准备，并学会容忍孩子因家庭环境的影响而产生的嫉妒情绪。清洁方面的抗拒、喂养和睡眠方面的困难、言语迟缓、运动能力不足或感统失调，这些在正常孩子的发展中也可能阶段性地存在，属于正常的成长问题，但是如果这些问题达到了严重的程度，就表示孩子的发展已经偏离正常，进入到非常态的范畴。

孩子入园的初期，还将面临在高度依赖和独立的矛盾情绪之间令人困惑的波动；很多时候，孩子会在这两种情绪间纠结徘徊。此外，甚至在幼儿园阶段结束时，孩子还会在正确与错误、幻想与事实、什么东西属于自己和什么东西属于他人之间产生混淆。

在所有这些问题面前，老师需要有足够的知识来进行适当的处理。对孩子行为的矫正，有些可以在幼儿园内进行，有些则可以介绍给专业人士。

幼儿园的职业特性，使它能提供人员和场地，帮助儿童保持情感、社会性、智力和身体潜能的全面发展。教师在这些活动中起着至关重要的作用，教师的职业特性结合着对儿童象征性语言和表达方式的敏感和了解，以及对群体中儿童的特殊需要的觉察与理解。此外，教师还需要有足够的智慧和机智，利用不同的设施创造不同形式的游戏，并深刻理解这些游戏的价值，例如，戏剧性的、创造性的、自由的、有组织的、建设性的游戏等。

在学前阶段，游戏是儿童解决发展中的情感问题的主要手段。游戏也是儿童的表达方式之一，是孩子诉说和求助的方式。如果教师要帮助孩子解决不可避免的痛苦，就需要认识到这一点。而成人往往对这些问题一无所知，因此教师需要接受培训，以帮助她理解游戏对学前儿童的价值和使用它。

幼儿园教育要求教师随时准备对儿童的冲动和本能欲望进行约束

和控制，这些冲动和本能欲望是孩子正常具备的，但它们是集体生活所不可接受的。同时，教师需要为幼儿的创造性和智力的充分发展提供工具和机会，并为他们的幻想和戏剧生活提供表达方式。

最后，与儿童工作密不可分的是，幼儿园教师需要有能力与其他工作人员和谐共处，并在自己身上保持温柔的品质。

第二十九章　关于影响与被影响

人类难以认识到存在着的潜意识情感有多重要，这无疑是科学在研究人类事务中遇到的最大的困境。当然，人们其实很早就察觉到潜意识的存在，也清楚那是怎样的感觉：一个想法冒出来，随即又消失了；曾经忘却的事情再度被记起，唤起善意或恶意的念头。但是，对具体事实的直观认知和对潜意识如何影响事物发展的系统研究之间，有着巨大的区别。对潜意识情感的探索需要很大的勇气，而且"潜意识"这个主题，将永远同弗洛伊德的名字联系在一起。

探究潜意识情感需要勇气，是因为我们迟早都将痛苦地面对一个事实：无论人们多么努力地想将邪恶、兽性、不良影响视作身外之物，或是将它们归因于外部环境对我们的干扰，最终我们都不得不承认，这些阴暗面其实就存在于人性本身。当然，现实中的确存在有害的、不利于成长的环境，但即使有一个良好的环境让我们成长，问题的根源还是我们内心的那些本质冲突。人类早就知道了这一点。可以说，自从第一个人自杀以来，人类就已经明白。

人类不仅对人性中的黑暗面难以接受，我们还发现，人类也难以接受来自本性的良好影响，而习惯将它们归功于上帝。

实际上，正是对人性进行全面思考的恐惧，阻挡了我们深入探索人性的能力。

在承认人性中存在潜意识和意识的前提下，精神分析可以研究人类关系中的细节。对这一庞大主题，我将它总结为"影响"与"被影响"。

研究"影响"在人际关系中的作用，对学校和老师而言非常重要，研究社会生活和现代政治的学者对此也会格外感兴趣。这项涉及我们对情感的研究，它们或多或少都存在潜意识的部分。

我们需要借助于一种起源于个体早期生活的人际关系，来阐明一些关于"影响"的问题。在生命的最初期，个体与另一个人的接触，主要是在喂食的时候。同普通的生理性喂养一同发生的，还有婴儿对环境中的事物、人和事件的吸收、消化、保留或是拒绝。尽管孩子在成长过程中能够与其他人发展出其他类型的关系，但这种最初期的关系都将或多或少地存在于他的整个生命历程里。在我们的语言中，有许多用来描述人与食物的关系的词语，它们同样也可以描述人与非食物物品的关系。考虑到这一点，我们或许可以更进一步地了解正在研究的问题。

生活中显然会有不满意食物的婴儿，也有急切而徒劳地希望她们的食物被接受的母亲，这有点儿像那些在与其他人的关系中感觉不满意的人，或者在社交关系中感到沮丧的人。

例如，有这样一种人——他感到空虚并为这种空虚而恐惧，担心空虚扰乱他的正常食欲，让他胃口大开，充满攻击性。他的空虚可能基于一个明确的原因：好朋友去世了，或者失去了一些有价值的东西，或者因为一些更主观的原因，他感到沮丧。这样的人需要找到一个新的对象来填充空虚：用一个新朋友代替故人，或者用一套新理念或新哲学取代失去的理想。可以看出，这样的人特别容易受到影响，除非他能忍受这种因为丧失而导致的压抑、悲伤或无望，并等待身心自发的恢复，否则他必须去寻找新的影响因素，或屈服于任何碰巧出现的强大影响。

我们也很容易想象这样一种人，他付出巨大努力让别人满意，希望获取他人信任，以此向自己证明：他所付出的是好的。当然，对于这件事，人们不自觉地产生了怀疑。这样的人一定是在教导、组织、宣传，通过影响别人的行动来达到自己的目的。

这样的人成为母亲，很容易以过度喂养或以其他方式左右她的孩子。这种渴望被填充的焦虑和我所描述的焦虑性饥饿之间存在关联。他们认为，其他人会因饥饿而充满焦虑与恐惧。

毫无疑问，教书育人的正常动力也是来自这些方面。可以说，我们所有人都需要为保持自己的心理健康而工作，教师和医生、护士莫不如此。我们的驱动力是否正常，在很大程度上由焦虑程度来决定。但总的来说，我认为学生们更愿意老师没有过于迫切的教学需求，不用通过教学来处理老师自己的焦虑。

我们很容易想象：当一个沮丧的给予者遇到同样沮丧的接受者，会发生什么。这里有一个人，在空虚而焦虑地寻求新的影响；这里有另一个人，迫切需要进入他人的内心并施加影响。极端情况下，后者会将前者整个包裹（覆盖）起来，把正常的影响演变成可笑的模仿。这种一个人将另一个人吞并的现象，可以解释为什么有的人看起来一直在演戏，表现出不真实的成熟。一个正在模仿英雄的孩子可能是好的，但这种好似乎不那么稳定，因为这是被模仿的英雄的好；另一个扮演令人畏惧的恶棍的孩子看起来很坏，但这种坏也并非源自天性，而是强迫性的、被表演出来的。我们经常会发现，一个孩子出现了一些症状，这种症状其实是在模仿他深爱着却刚刚离世的某个人。

这种影响者和被影响者之间的联结所形成的亲密关系，时常被他们自己误认为是真正的爱。

在全然的影响与全然的被影响这两个极端之间的，是大多数现实存在的师生关系。在这种关系中，老师喜欢教书育人，并从中得到成就感，但从心理健康的角度，老师并不需要绝对成功；相对应地，学生也可以轻松享受老师所提供的知识，无须因为焦虑而被迫记下所有内容，或相信老师所教的一切。老师必须能容忍学生某种程度的怀疑，就像母亲容忍她的孩子们有不同的口味一样；而学生也必须有等待的耐心，特别是当一些他想要的东西或答案没有立刻出现的时候。

由此可知，教师队伍中一些最热心的成员，可能正是因为他们的热心而在实际教学中受阻，因为这种热心可能使他们无法容忍孩子们对他提供的东西进行筛选和测试，或者对某些部分表示拒绝。在实践中，这些都是老师们免不了的烦心事，除非通过不健康的强行压制，否则无法避免。

这些考量同样适用于父母对子女的养育。事实上，影响和被影响的关系作为爱的替代品，越早出现在孩子的生命中，其影响就越严重、越恶劣。

如果一个女子期望成为母亲，却在孩子急于排便时不允许孩子排便，如果她希望永远回避自己的便利和孩子自发性冲动之间的冲突，我们可以认为她的爱是肤浅的。她将自己的便利凌驾于孩子的本能需求之上，即使从短期结果上看她取得了成功（让孩子顺从她的意志），但孩子却可能因此而变得呆板木讷；而且这种成功也很容易变成失败，因为来自孩子潜意识的抗议可能会将排便演变成难以治疗的意外失禁。这与教学不是相类似吗？

好的教学，要求老师可以容忍他在给予知识（类似于喂养）方面的强烈受挫。孩子通过学习逐渐变得文明的过程中，自然也会敏锐地感受到挫折。而帮助孩子们成长的，与其说是老师的训诫，不如说是老师自己在教学过程中所表现出来的、自己承担挫折的能力。

从理性的角度，我们都能认识到，教学总是不完美的，错误是不可避免的。但老师的挫败感并不会因为这类认识而消失。而且，老师也是人，任何老师都可能在某些时候表现得吝啬或不公平，或者真的可能做不正确的事。比这一切更糟糕的是，即使是最好的教学，有时也会被学生拒绝。孩子们会把属于他们自己成长环境和个人经验中的怀疑和疑虑带到学校，当然，这些怀疑和疑虑是他们自己情感发展扭曲的一部分，也是情感发展经历中必然存在的部分；同时，孩子们还有很大可能歪曲或误会他们在学校看到的东西，因为他们总是期望在学校重现自己的家庭环境，或者相反，期望在学校与自己的家庭环境完全不一样。不管哪一种，他们都必然会失望。

老师必须忍受孩子们的这些失望，反过来，学生也需要忍受老师的情绪波动。而且很多情况下，刚开始时，老师也是从错误的方向开始探索的。

我们看得越多，就越能发现，如果老师和学生以一种健康的方式彼此影响，他们在自发性和独立性上都需要做一些相互牺牲，而这种相互牺牲也是教育的重要部分，如同课程科目的教学和学习一样。不管怎么说，如果老师没有在"给予和接受"这一过程中带领学生获得"合作与妥协"的客观经验，或者这种体验被一个人对另一个人的完全支配所取代，那么即使课程科目的教学做得很好，就教育本身而言，结果也是糟糕的。

从这一切中，我们可以收获些什么？

对教育的思考，使我们得出这样的结论：在评估教育方法时，没有什么比单纯以学科成绩作为教育成功或失败的标准更具有误导性。这样的"成功"可能意味着，孩子发现，应对某个老师、某个科目或整个教育的最简单的方法，就是顺从，就是闭着眼睛张着嘴，不加批判地囫囵吞枣。这是错误的，因为这意味着完全否认了真实的怀疑和猜测。这样的状态对于个人发展来说是贫乏无聊、难以让人满意的，但对于独裁者来说，这简直是饕餮盛宴。

在深入思考了"影响"与"被影响"在教育中的作用之后，我们可以看到，教育的堕落，正在于滥用"儿童最神圣的属性"：对自我的怀疑。独裁者对此了如指掌，并通过提供一个不容置疑的生活模式来行使权力。这是极其无聊的事情！

第三十章　教育诊断

作为医生，能对教师说些什么呢？显然，他不能教他如何教学，而且没有人希望教师对学生采取治疗的态度。学生不是病人。至少，当他们在接受教育时，对于老师来说，他们不是病人。

如果一个医生来调查教育领域，他很可能会提出一个问题：在医疗实践中，医生的全部工作都是基于诊断；教学工作中有什么与此相对应的环节吗？

诊断对医生来说是十分重要的。三四十年前是医学教育的高峰期，在医学院里曾经有一种倾向，即关注治疗而忽视诊断，或者把诊断放入一个被遗忘的角落。在这个时期，治疗是主要的教学内容。我们今天看到了很多疗效显著的治疗方法——青霉素、安全手术、白喉疫苗等，公众因此被误导，以为医学实践得到了很大进步，殊不知正是这些进步在威胁优质医学的基础——准确的诊断。

如果一个人生病了，发烧了，医生给他注射了抗生素，然后病人就好了，他认为自己得到了很好的服务。但从系统的角度来看，这个案例是一个悲剧，因为医生仅仅依靠药物反应解除了症状，却让必要的诊断缺失了，错过了寻找症状根源的机会，其实是在盲目治疗。在科学基础上的诊断是我们医学遗产中最宝贵的部分，是诊断将医学专业与信仰治疗、整骨治疗等我们想要药到病除时会去找的那些人区分开来。

问题是，当我们以系统诊疗的视角来看一看与之相对应的教师职业时，我们能看到什么？很有可能我是错的，但我觉得有必要说：我在教学中很少能看到真正如医生一般深思熟虑的诊断。在我与教师打交道的过程中，我经常被这样的情况所困扰：孩子们都是在没有经过诊断的情况下开始接受教育。可能有明显例外的情况，但我认为，一般来说，这个说法是成立的。无论如何，作为一个医生，我觉得在教学领域，在孩子接受教育之前先对他进行认真的诊断，这种做法是可取的。

我们首先来看看，在这个方面，我们已经做了什么。

每所学校都有一个取舍标准：如果一个孩子令人讨厌，那么这个孩子就会被赶走，要么被开除，要么通过间接的压力被清理出去。这对学校来说是好事，但对孩子来说却是坏事。大多数教师都会同意这种做法：最好是在学校委员会或校长"发现一个不适合接收的孩子"时，从一开始就把这孩子淘汰。然而，即使是校长也很难确定，在拒绝接收有疑问的孩子的同时，是否会将特别有潜质的孩子拒之门外。如何评判孩子到底属于哪种情况呢？如果有一种科学的方法可以用来选择学生，那么无疑会被学校广泛使用。

今天，我们衡量智力的科学方法已经普及，即智商（IQ）测试。这种测试已经众所周知，而且被采用的场合也越来越多，它们已经被赋予了比它们所具有的内涵更多的意义。智商在量表两端的数值是有价值的。通过这些精密的测试，我们可以了解一个成绩不好的孩子是否存在智力缺陷。如果他的智力是能够达到平均水平的，那么他的坏成绩就是在表明，他的情绪困扰正妨碍着他——如果不是教学方法上的错误的话。知道一个孩子在智力上远远低于平均水平也是很有帮助的，这个测试如果表明他有一个存在缺陷的大脑，那我们就必须接受他不能从正常的教育中受益的事实，因为这些教育是为大脑正常的孩子设计的。

而那些有明显精神缺陷的孩子，往往在进行智商测试之前诊断就相当明显了。人们普遍认为，为智力迟缓的孩子提供特殊学校，为发育明显落后的孩子提供职业培训中心，是教育计划的重要组成部分。

这个测试到目前为止看起来还不错，是可以用于诊断的科学方法。然而大多数教师认为，他们的班级中既有聪明的孩子，也有不太聪明的孩子，这是很自然的事情。只要班级不是特别大，他们自然而然会适应学生的不同需要，尽量针对孩子进行个别工作。困扰教师的不是孩子们不同的智力，而是他们不同的情感需求。同样是教学，有些孩子喜欢老师把东西塞进他们的嘴里，而另一些孩子则只能以自己的速度和方式学习，几乎像在进行一项秘密工作，不让别人窥视。

在纪律方面，则各个群体之间差异巨大，没有什么规则可以适应所有情况。如果仁慈在一所学校起作用，在另一所学校则可能失败。自由、仁慈和宽容也会存在弊端，就像严厉的气氛存在弊端一样。

还有就是各种儿童的情感需求问题。不同孩子对教师人格的依赖程度不同，儿童对教师的个人情感的原始与成熟程度也不同。尽管大多数好老师会设法把它们分类并进行分别处理，但他们常常感到，为了其他许多孩子，有时必须剥夺一两个孩子的明显需求。因为如果要适应这一两个孩子的特殊需要，其他大多数孩子的正常需求就会受到影响。

这些都是很重要的问题，日复一日地盘踞在教师的头脑里。而医生的建议是，可以通过诊断，在这些问题上做更多的事情。也许这些问题产生的根源，就在于对孩子的诊断和分类没有做到足够好。因此下面的建议可能会对学校和老师有所帮助。

在任何一个儿童群体中，都有从令人满意的家庭出来的孩子和从不那么令人满意的家庭出来的孩子。前者自然会利用自己的家庭来发展他们的情感。在儿童时期，最重要的测试和示范都是在家里进行的，良好家庭出来的孩子，他们的父母有能力并且愿意承担责任。这些孩子来到学校，是为了丰富他们的生活，他们希望学习知识，即使学习过程枯燥乏味，他们也希望每天有固定的时间来努力学习，这将使他们通过考试，最终能够像他们的父母一样从事某种职业。他们也期待各种游戏，因为这些游戏在家里是很难进行的，但从普遍意义上说，游戏还是属于家庭生活的附加物。

相比之下，从不令人满意的家庭出来的那些孩子，来学校是为了另一个目的。他们希望学校提供他们家庭所不能提供的东西。他们来学校不是为了学习，而是为了从学校找到一个"家"。这意味着他们在寻求一个稳定的情感环境——在这个环境中，他们可以锻炼自己情绪的稳定性——一个让他们有归属感、可以逐渐成为其中一员的群体，一个可以测试对攻击性的承受和容忍程度的群体。

多么奇怪，这两种儿童竟然都会在同一个班级、同一个教室里找到自己。

教师们会逐渐发现自己的气质更适合于哪种管教方式。

第一类儿童，也就是生活在自己满意的家庭中的儿童（或者对于寄宿学校的儿童来说，是有一个可以回去的好家庭），他们需求的重点是学科指导，对老师的要求是进行适当的、令人满意的教学。

而另一类没有满意家庭的儿童，需要的是有组织的学校生活，包括适当的人员安排、有规律的饮食、着装管理、对儿童情绪的引导以及对他们顺从或不合作的极端情况的恰当应对。这里的重点是管理与教养。在这种工作中，选择教师的首要条件应该是性格稳定，或者老师自己的私人生活令人满意，而不是因为他们有能力讲授算术。

而这些工作，必须在小团体中进行。如果有太多的孩子只由一名老师照顾，那么老师如何能够了解每个孩子的个人情况，如何能够为每天的变化做好准备，又如何能够分辨孩子的反抗是有意识地试探权威，还是潜意识的病态躁狂？

在某些极端的情况下，学校必须采取措施，为这些孩子提供一个替代家庭生活的宿舍，只有这样，学校才有机会进行一些真正的教导。在小型宿舍中，由于群体规模小，每个孩子都可以在一段较长时间内由固定的工作人员以个人方式进行管教，这将带来巨大的收益。工作人员与每个孩子的家庭生活建立联系，本身就是一件棘手和耗费时间的事情，这就进一步证明了在管理这些孩子时需要避免大群体。

沿着这个思路，我们考虑对私立学校进行分类，是很自然的事情。因为有各种类型的学校，也有各种类型的男女校长，通过中介和宣传，家长们对学校进行分类，按孩子的实际情况加以选择，就可以帮助孩子找到适合自己的学校。

然而，如果只有公立学校可供选择，情况就完全不同了。国家只能以一种相对盲目的方式来进行学校管理，儿童必须在他们居住的社区附近接受教育，而且很难说社区是否有足够的学校资源来满足孩子的极端需求。国家可以掌握存在心智缺陷的儿童和聪明儿童之间的区别，也可以注意到一些明显的反社会行为，但要把有良好家庭的儿童和没有良好家庭的儿童区分开来——这是很微妙的事情——就非常困难。如果国家竭力要将好的家庭和坏的家庭区分开来，就很可能出现一些严重的失误，干扰到那些不遵循传统，也不喜欢表现自己优点的父母，让他们因为不够循规蹈矩而被误分到不好的家庭之列，而实际上他们的教育并不赖。

尽管有这样那样的困难，对家庭环境的判断依旧是值得我们注意的事实。极端情况本身就能说明问题。我们很容易知道，一个反社会的孩子，其家庭也很可能存在某种原因的失败，需要特殊的管理。而所谓的"正常"儿童也可以被分为两类：一类是其家庭可以应付孩子的正常发展，对他们来说，教育是一个受欢迎的补充；另一类则是期望从学校得到他们自己家庭所缺乏的、孩子成长所需要的基本要素。

还存在一种更加复杂的情况：有些问题儿童实际上有一个良好的家庭，但由于他们自己的个人困难，他们无法利用这个家庭。许多有几个孩子的家庭都会出现一个在家里无法管理的孩子。不过，为了说明问题，把那些家庭中可以应付成长需要的孩子和那些家庭中不能应付成长需要的孩子区分开来，是一种合理的简化。

在对这个主题更进一步的讨论中，有必要区分两种儿童：一种是在早期发展良好，后期的家庭却让他们失望的儿童；另一种是根本没有得到过令人满意照料的儿童，甚至在婴儿早期，孩子也没有被很好地照料。这些孩子的父母原本可以为孩子提供成长必需的条件，但突然出现的一些事情打断了这一过程，例如亲人手术、长期住院、母亲因病突然离世，等等。

在这一章，我试图简单地说明教学也可以很好地以诊断为基础来开展工作，就像医生一样。这里，我只选择了一种分类方法来说明我的意思，但这并不意味着没有其他也许是更重要的儿童分类方法。根据年龄和性别进行分类，这种方法在教师中已经有很多讨论。进一步的分类可以根据人格类型进行，这很有益处。把性格孤僻、心事重重的孩子和性格外向、爱出风头的孩子放在一起教，是很奇怪的事情；把同样的教学内容给接受能力明显不同的孩子，是很奇怪的事情；对一个处于抑郁阶段的孩子和一个无忧无虑的孩子进行同样的教育，是很奇怪的事情；用同一种方法，希望它既能约束孩子的兴奋，又能对抗起伏不定的抑郁波动，也是很奇怪的事情。

当然，老师们也会凭自己的直觉，使他们的教学方法适应他们所遇到的各种不同的情况。从某种意义上说，这些分类和诊断的想法可能已经过时了。这里提出的建议是，教学应该以正式诊断为基础，就像良好的医疗诊断一样，仅凭那些特别有天赋的教师的直觉来理解整个教育行业是不够的。在国家教育计划的制订与推广中，这一点尤其重要，因为国家计划总是倾向于忽略个人因素，而通过公认的理论和实践，使行业产生质的变化。

第三十一章　儿童的羞怯和紧张是病吗？

目前为止，医生的工作方式是关注单个病人的个人需求——以每个被带到他面前来问诊的病人为对象。这种工作方式和老师有很大的不同，老师实际上没有机会将他们的注意力限制在某一个孩子身上。因此，医生也许不是与教师交谈的合适人选。虽然老师也经常有一种想法，想为某个孩子做一些看起来很好的事情，但又常常因为担心给整个群体带来困扰而放弃这个念头。

然而，这并不是说教师对研究他所照顾的个别儿童没有兴趣。例如，当一个孩子害羞或有恐惧症时，老师肯定会格外关注这个孩子。医生可以帮助老师更清楚地了解发生了什么，即使不能提供直接建议，增加了解也可以让老师减少焦虑，更好地管理和照顾孩子。

有一件事，医生可能比教师更习惯去做：医生会从父母那里尽可能地了解孩子过去的生活，了解孩子被送来医院之前的状态，并试图将孩子的症状与孩子的个性以及他的外部环境和内在经历联系起来。教师很少有足够的时间或机会来做这些事情，而且我想说，在教育领域，对孩子的诊断和评估大多也没有被用上。通常情况下，老师可能知道孩子的父母是什么样子的，特别是当发现家长是"奇葩父母"、过度挑剔或非常疏忽大意时，孩子在家庭中的际遇就可以想见。但是，在这些了解之外，还有很多事情需要做。

即使孩子的内在发展被忽视，父母难以清楚地描述孩子的成长细节，我们也可以留意是否出现了一些重大事件，如孩子喜欢的兄弟姐妹、姑姑或祖父母的死亡，或者父母一方的意外事件，以此寻找让孩子反常的线索。我们可能会发现，一个孩子一直表现得很正常，但从他的一个大哥哥被车祸致死那一天起，他就情绪低落，四肢疼痛，失眠，觉得上学很烦人，变得孤僻，交朋友很困难。这是很容易发现的线索，但很可能没有人费心去寻找这些事实，也没有人把它们关联起来，而那些掌握了所有事实的父母正在处理自己的悲伤，因此没有意识到孩子的状态变化与家庭变故之间的联系。

这种缺乏"病历记录"的后果就是，老师和校医一起犯一系列管理上的错误，采取一些并不适合孩子的措施。这只能让孩子感到更加困惑，他们渴望能被人理解。

当然，大多数孩子的紧张和羞怯的病因不会这么简单；往往没有明确的外部因素，但老师应该注意到，如果存在类似这样重大的外部因素，就不能错过。

我一直记得这样一个简单的案例：一个十二岁的聪明女孩，在学校突然变得紧张、焦虑，晚上开始尿床。没有人意识到她是在为她最喜欢的弟弟的死亡而悲痛挣扎。

据说，这个小弟弟因为感染发烧而离家治疗，两个星期后又出现了骶髂关节结核，臀部疼痛难忍。女孩和其他家人都庆幸他被安置在一家很好的结核病医院，可以得到最好的治疗。然而随着时间的推移，小弟弟遭受了很多的痛苦后，最终死于全身性肺结核。小弟弟去世时，家人再次表现出庆幸，他们都对女孩说，对于小弟弟来说，这是一个幸福的解脱。

整个事件中，女孩都没有机会经历强烈的悲痛，然而悲痛就在那里，等待着她的承认。我逮住机会出其不意地抓住她，说："你很喜欢弟弟，是吧？"这让女孩一下失去了控制，泪如雨下。这样做的结果是，女孩在学校里渐渐恢复了正常，晚上也停止了尿床。

当然，类似这样直接治疗的机会对于医生来说不是每天都有，但这个案例说明了老师和医生的无助：他们难以准确地了解孩子的病史，也就不知道如何寻找病因。

有时，只有在经过大量的调查后，诊断才能变得清晰。一个十岁的女孩在一所学校遇到了人际交往上的麻烦。我见到她的老师，老师说："这个孩子很紧张，很害羞，就像很多人一样。我自己小时候也很害羞，所以我能理解孩子紧张害羞的心理。在我的班级里，我一般都能管理好这些容易紧张的孩子，帮助他们在几个星期内渐渐变得不那么害羞。但是这个孩子打败了我：我所做的一切似乎对她都没有任何影响，她既没有变得更好，也没有变得更糟。"

碰巧这个孩子接受了精神分析治疗，直到一个被隐藏的关键点被发现并被分析出来，她的害羞才逐渐好转。这个女孩遭遇的是一种严重的精神疾病，除非通过深度分析，否则不可能被治疗。老师正确地指出了这个孩子和其他害羞孩子的区别：对这个孩子来说，所有的善意都是一个陷阱，所有的礼物都是有毒的苹果。所以她在患病期间既不能学习，也没有安全感，而且她被恐惧所驱使，尽可能地表现得和其他孩子一样，以免暴露自己需要帮助，因为她对自己得到帮助不抱任何指望。

这个孩子接受了一年左右的精神分析治疗后，她的老师（就是之前那位）开始能够像管理其他人一样管理她，而她也最终成了一个为学校争得荣誉的女孩。

许多过度紧张的孩子在心理上都存在遭受迫害的预期，将这些孩子与其他孩子区分开来是很有好处的。这样的孩子经常受到迫害；他们实际上是自己主动要求被欺负——几乎可以说，有时是他们的某些做法，让同伴中产生了欺凌者。他们不容易和其他孩子建立友谊，尽管有时为了对抗一个共同的敌人，他们可能达成某种联盟。

这些孩子因各种疼痛和食欲不振被带到我们医生这里，耐人寻味的是，他们经常抱怨老师打了他们。

不过我们知道这种抱怨不是对真相的陈述。抱怨的背后是更复杂的事情，有时是纯粹的错觉，有时是微妙的谎言，而这些都是真实的痛苦的信号。更糟糕的是，它们是深藏在潜意识里，不被孩子觉察的、被迫害的信号。它们是隐蔽的，所以对孩子来说更为可怕。当然，也的确存在坏老师——恶意打孩子的老师，但我们很少在这种情况下遇到。真相是，这些孩子的抱怨，其实是迫害型心理疾病的症状。这种类型的孩子常常会通过不断地做小坏事来实现自己的"受迫害妄想"，因为他的不断越界，往往就会产生一个真正的、不断对他进行惩罚的老师。老师被这样的孩子逼着不断升级惩处的严厉程度，一个团体中有一个这样的孩子，老师可能就会对整个团体实施严格的管理措施，而这些过于严格的管理措施实际上只对这一个孩子有必要。

有时，把这样的孩子交给不那么友好的其他老师可能更好，这样，至少就能让情绪稳定的老师在面对正常的孩子群体时可以保持理智，采用适合心智健全的孩子的管理办法。

当然，我们也需要记住，紧张和害羞有其健康、正向的功能。我的门诊中，借助于孩子正常的羞怯反应，我可以识别出某些类型的心理障碍。我遇到过一个孩子，会在我给另一个病人做检查时围着我转，不认识我就直接走到我面前，爬到我膝盖上。这就是反常的表现。正常的孩子在陌生人面前则会有害怕，他们会对我提出要求，要求我做出不伤害他们的保证，或者公开表示更喜欢自己的父亲。

这种正常的紧张情绪在幼儿身上表现得尤为明显。一个不害怕伦敦人潮涌动的街道或者不害怕雷雨的小孩子是病态的。这样的孩子像其他人一样，内心也有恐惧的东西，但他不能从他的想象中脱身出来，不敢冒险在外面的真实世界找到和这些恐惧相对应的事物。

孩子有时会把逃避现实作为抵御奇异的、怪诞的东西的主要手段，家长和老师们因此有时会被欺骗，以为一个不怕"狗、医生和黑人"的孩子是明智和勇敢的。但实际上，小孩子应该有"害怕"的能力，这样，他才能通过看到外面的人、事和坏东西来缓解内心的恐惧，释放紧张情绪。也只有这样，医生才能通过现实检验来改变他内心的恐惧感，而且对任何人来说，"处理恐惧"这个过程是终生都存在的。

直截了当地说，体验不到恐惧的小孩子要么是在假装，努力鼓起勇气掩饰害怕，要么就是生病了。如果是生病了，那他心里其实是充满恐惧的。但他也可以有能力相信自己的善良和外界的善意，并因此感到安心。

因此，羞怯和紧张的表象背后，可能存在需要经过诊断才能确定的问题，也存在与儿童年龄相关的因素。根据正常儿童可以被引导，而生病的儿童只会浪费教师的精力和时间的原则，工作的重点是对每个案例的症状做出评估，得出属于正常范畴或属于不正常范畴的结论。我之前已经建议，合理使用病历记录会有助于得出正确的评估结果，当然，它也需要与儿童情绪发展机制的相关知识相结合。

第三十二章　学校中的性教育

孩子们之间存在着天性上的个体差异，不能都归为一类、一概而论，他们的需求也会因家庭影响、天赋气质以及健康状况的不同而存在差异。不过在关于性教育这一主题的简单陈述中，我们可以笼统一些说，不用去过多考虑每个孩子的个别要求。

给予孩子恰当的性教育，需要准备三个条件。
1. 他们需要身边有值得信赖的人，可以成为普通朋友。
2. 他们需要与其他学科一样，获得了解生物学知识的途径，就目前所知，我们不妨假定生物学就是关于生命、成长、繁殖以及生物体与环境关系的事实真相。
3. 他们需要持续的、稳定的情感环境，在这种环境中，他们自己可以按照自己的方式，发现和探索自己日益旺盛的性欲，研究"性"这个因素如何改变、丰富、启动人际关系，以及寻找人际关系与性之间复杂的交互方式。

与上述方式截然不同的，是另一个性教育路径：举办性教育讲座，由一个人来到学校，发表演讲，然后就走了。

我认为，应该阻止那些凭着一时冲动向孩子们传授性知识的人。给予孩子恰当的性知识，这是学校教职人员都不能做好的事情，外来的演讲者有什么办法？有一些东西比性知识更好，那就是每个人自己对"性"的感受和见解。

寄宿学校会有已婚的教职员工，他们不断壮大的家庭会给学生提供一种自然和有利的影响，比许多讲座更具有鼓励性和指导性。而走读学校的孩子们则能够与亲戚和邻居日常相处，看到这些家庭添丁生子，不断成长。这些都是很直观而强大的影响。

讲座的弊端在于，它们只是偶然地、随机地将一些日常难以启齿和私密的东西带入孩子的生活，而不是根据孩子的个人积累、孩子的具体需求来进行引导。

性讲座的另一个缺点是，它们很少能提供真实、完整的性的概念。例如，有些讲师会存在偏见，如女权主义者会认为女性是被动的，男性是主动的；又比如，他们会对性游戏绝口不提，只谈论成熟的性行为，或者宣扬错误的母爱理论，忽略怀孕、育儿过程中的客观条件，徒然挑动听众的情绪，等等。

即使是最好的性教育讲座也会使这个主题变得贫乏。基于实践和体验的性主题，其内质无比丰富。但是，只有在成熟的成人所创建的氛围中，健康的青少年才能发现身体和灵魂对灵肉合一的渴望。在这些考虑之外，应该为那些真正的前辈专家留出空间，他们对性功能以及如何介绍这种知识进行过专门的研究，邀请这样的专家为学校工作人员作讲座，再由教师组织孩子开展对这一主题的讨论，可能是一个可行的解决办法。这样一来，教职员工就可以用自己的方式，自由地与孩子们交流，但这样做的前提是，老师要有坚实的知识基础。

自慰（手淫）是非常重要的性的副产品，其群体几乎覆盖所有孩子。任何关于自慰的公开座谈都很难说明白这个主题，因为它如此私密，只有与朋友或知己的私人谈话才能产生真正的价值。在团体中告诉孩子们自慰无害是没有用的。对大部分人来说，它可能是无害的，甚至根本不存在任何麻烦，但也许团体中就存在着一个人，对他来说，自慰就是有害的、强迫性的、非常讨厌的，事实上，这种自慰已经是精神障碍的证据。当这种自慰也被提及，并指出它可能是有害的——这就让情况变得复杂了。

孩子们确实很重视能够与人谈论所有这些事情，而且母亲会是首选，最好孩子能够自由地和母亲讨论孩子所能想到的任何事情。如果母亲不能做到这一点，那么就必须有其他人来做，必要时甚至可以安排一次专业的心理访谈；这些问题都是课堂上的性教学无法满足的。此外，作为学科学习的性教学还可能赶走性本身所具有的诗性与浪漫，只留下对性器官和生理功能的说明，平淡乏味。

如果我们在艺术课上聊到这些，指出思绪和想象力的飞翔会伴随有身体的反应，并且这些反应都需要被尊重，和思想一样值得被关注，会更符合逻辑。

对于青少年的监护人来说，有一个明显要面对的困难。有些人认为要允许孩子在自己和别人身上探索性乐趣，如果我们提醒说女孩因此会有怀孕的风险，这种提醒对于他们是没有用的。但我们必须面对的现实是：私生子并不幸福。一个私生子要取得成绩并最终在社会上立足，他的负担要比普通孩子沉重、困难得多；事实上，除非在很早的阶段就被收养，否则私生子的成长中就不可能不留下伤疤，而且可能是很糟糕的创伤留下的伤疤。

每个管理青少年的人都必须根据自己的信念来处理这个问题，但公众舆论也应该考虑到这样一个事实：即使最好的管理方式也不能完全规避风险，事故会时有发生。

在几乎没有性禁令的公立学校里，私生子出奇地少，如果出现怀孕，通常是伴侣中至少有一个是精神异常者。例如，有这样一个孩子，他下意识地害怕和逃避性游戏，直接跳到一个虚假的性成熟期。许多儿童在婴儿时期与自己的母亲没有满意的关系，在性关系中第一次达到了人与人之间的亲密交互，因此这对他们来说极其重要，尽管从旁观者的角度来看，这种属于不安全的性成熟，因为这种性成熟不是从不成熟中逐渐成长、自然发展出来的。

如果一个群体中这样的孩子比例很大，性监督就必须严格，因为社会不能承受超过一定数量的非婚生子。另外，在青少年群体中，大多数人都还是健康的。在这种情况下，我们必须思考这样的问题：对孩子的管理，是以大部分健康孩子为主，基于健康孩子的需要来设置管理规则，还是以防范少数反社会或存在症状的成员为主，为规避这些少数孩子出问题而设置管理规则？

大人们不愿意承认，小孩子通常有很强的社会意识。同样地，成年人也不愿意承认，小孩子有早期的内疚感。父母经常把道德强行灌输给孩子，其实孩子本来可以通过自然成长培养出道德，并让它成为一种稳定的、亲社会的力量。

普通的青少年并不想生出私生子，他们也会采取措施避免怀孕。如果有机会，他们会在性游戏和性关系中成长，直到他们意识到生孩子是整个事情的最终结果。这个过程可能需要几年时间。但通常，生命历程都会发展到这里，然后这些成人社会的新晋成员会开始考虑婚姻，组建家庭，让自己的婴儿可以生活在家庭中。

性教育与每个青少年的性发育关系不大。性发育只跟随孩子自身的成长节奏。但是一个成熟的、无忧无虑的、不教条的环境却对性的健康发展有很大帮助，而且几乎可以说是必要的。此外，父母和教师需要忍受青少年在某个阶段对成年人的令人惊讶的对立情绪，特别是那些想在这个成长的关键时期主动为他们提供帮助的人，孩子很容易对他们产生敌意。

当父母不能给予孩子所需要的东西时,老师或学校可以做很多事情来弥补这种不足,可行的办法是树立榜样,通过成人个体的正直、诚恳和奉献,以及面对面的答疑解惑,而不是通过有组织的性教育讲座。

对于年幼的孩子来说,与性有关的问题解答就是生物学知识,是对自然界的客观介绍,不随意添加,也不删减。大多数小孩都喜欢养宠物并了解宠物,喜欢收集、了解花和昆虫。在青春期之前的某个阶段,他们可以愉悦地学习关于动物的习性、生存方式,它们对环境的适应以及它们使环境适应自己的能力。在这一切中,自然包括物种的繁殖方式,以及与交配和孕育相关的解剖学和生理学知识。

孩子们重视的生物学导师不会忽视动物父母之间的关系以及群体生活在进化系列中的演变方式。老师们并不需要把这些教学内容延伸应用到人类身上,因为很明显,孩子们更可能带着人类的感情和幻想来理解动物的交配,而不是盲目地用动物本能来理解人类的性行为。生物学老师和其他学科的老师一样,需要引导学生走向客观和科学,也得预料这种剥离了幻想的客观角度对一些孩子来说会产生痛苦。

生物教学可以成为教师最愉快甚至最激动人心的任务之一,主要是因为许多孩子都很重视对生命意义的探究(当然,其他孩子通过历史、经典文学或宗教体验,也能很好地理解生命的意义)。但是,将生物学应用于每个孩子的个人生活和感受则完全是另一回事。老师正是通过对一些具体问题的巧妙回答,将一般的、普遍的情况与特殊的、个体的情况联系起来。毕竟,人类不仅仅是动物,人类是动物加上丰富的幻想、心理、灵魂或内在世界的潜力(或任何你想要的)的综合体。有些孩子通过身体来感知灵魂,有些孩子则通过灵魂来感受身体。不管哪种情况，积极适应孩子的需求，是所有儿童养育和教育的关键。

总的来说，成人应该为儿童提供关于性方面的充分而坦率的信息，但不是作为一种学科知识，而是作为儿童与可信赖的人的关系的一部分。教育不能替代个体的探索和实践。真正的抑制其实是对教育的阻抗。在没有条件进行心理治疗的情况下，这些抑制最好是通过朋友的理解和共情来处理。

第三十三章　探视住院儿童

每个孩子都有一条从出生就开始的生命线，而我们的工作就是确保它不被破坏。每个人的内在都有一个持续发展的过程，只有在婴儿和儿童期得到的照顾足够稳定，足够充分，才能顺利成长。一旦婴儿作为一个人类个体开始与其他人建立关系，这种关系就会非常紧密，如果没有出现大的风险，这种关系是无法撼动的。我没有必要强调这一点，因为在孩子们准备好之前，母亲们肯定不愿意让孩子离开，当然，如果孩子们不得不离开家，父母们也会急着去保护他们。

目前社会上流行一种去病房探访生病孩子的热潮。如果不说明白这件事背后的利弊因素，这种热潮就可能会掩盖一些真正的困难，并迟早出现反噬反应。唯一明智的做法，是让人们了解病房探访这件事从护理的角度来看，存在哪些巨大的风险。

一个姐妹为什么会去做护士这项工作？也许一开始，护理工作只是众多谋生方式中的一种。但成为一名护士后，她越来越被这项工作所吸引，并热衷于此，她花了极大的精力去学习所有专业知识和复杂的技术，最终她成为一名主管护士。她需要工作很长时间——这种情况将永远存在，因为好的主管护士永远不够，而且主管护士的工作也很难分配给其他人。

主管护士对二十到三十个不属于她自己的孩子负有绝对的照料责

任。其中许多孩子病得很重，需要专业的护理。她要对照料他们的一切护理行为负责，包括对新手护士没有注意到的事情负责。她很希望孩子们康复，这就意味着她要严格遵循医生规定的治疗方案。除此以外，她还必须准备好随时与医生和医学生打交道，而这些人也是人，也会有各自的偏好和不足。

当没有家属来探访孩子时，主管护士和护士们照顾着孩子，孩子唤起她内心最美好的一面。她会牺牲休息时间来尽忠职守，总是牵挂着她的病房里发生了什么。有些孩子非常依赖她，当她到了下班时间时，孩子不肯和她说再见，而且孩子们总想知道她到底什么时候回来。这一切都是人性中最美好的一面。

现在，当家属频繁去探视时，情况立刻就和之前有了区别，或者说，无论如何都会有区别。从家属出现的那一刻开始，看护孩子的责任就不完全由主管护士承担了。这可能是一种好的情况，主管护士也可能乐意减轻责任；但如果病房里有一些对护理要求很高、相当考验人的患者，或者一些很挑剔、相当考验人的母亲来探视时，那么，主管护士会宁愿自己来处理所有事情，这比协调家长分担工作要简单得多。

如果我告诉你探视期间发生的事情，你会感到惊讶。在父母结束探视离开后，孩子们经常会出状况，我们称之为探视后的小病发作：它揭示出孩子们被喂了冰激凌或胡萝卜，或者让节食的孩子吃了甜食，这就完全打乱了孩子的治疗节奏。

在探访时间里，主管护士不得不放弃对局面的控制，而且我认为，她有时真的不知道这段时间发生了什么，因为她没有办法监测到每个父母在病房的所有行为。另外，除了食物方面的不检点，探视还伴随着感染的威胁。

另一个困难是，正如一家医院某位非常好的主管护士告诉我的那样，由于被允许每天探视，母亲们认为她们的孩子在医院里总是在哭，这当然不是事实。的确，如果父母去探望自己的孩子，他们的探望往往会引起孩子的痛苦情绪。每次去病房，父母都会让孩子泛起对家人的记忆，重新唤起孩子想回家的愿望，所以他们离开时，孩子一定会哭。

但是，我们认为，这种痛苦对孩子的伤害远远不及让孩子进入冷漠状态的伤害。如果父母不得不离开孩子很长时间，久到几乎被孩子遗忘，那么孩子在一两天后就会恢复常态，不再苦恼，并且会接受护士和其他孩子的陪伴，发展新的生活。在这种情况下，父母暂时被遗忘了，当然，事后也会再次被记起。

如果母亲们满足于进去看孩子几分钟，然后再出去，情况不会特别糟糕，但母亲们自然不会这么想。正如人们所预料的那样，她们进入病房后，会用上被允许的全部时间。有些家人似乎几乎是在与孩子"做爱"：她们带来各种礼物，特别是食物给孩子，并希望得到孩子的深情回应；当探视时间结束，她们会站在门口长时间地挥手，直到孩子因为这个告别仪式筋疲力尽。

终于从病房出来后，母亲们很乐意去找主管护士，说一些孩子穿得不够暖和，或者晚餐吃得不够多之类的话。只有少数母亲在离开的时候会感谢护士所做的事情，这确实是很重要的事情。作为母亲，要承认有人像自己一样照顾好了自己的孩子，恐怕是非常困难的。

所以你看，如果父母离开后我们问护士："小姐，假设你是一位大权在握的独裁者，你会对医院探视做什么规定？"她很可能说：

"我会废除它。"但在情绪平和的时刻,护士仍然会同意:探视是一件自然的好事。医生和护士可以看到,如果他们能够忍受,并且父母可以合作,那么允许探视是值得做的事情。

我们发现,任何将孩子的生活分割成碎片的做法都是有害的。母亲们知道这一点,所以她们欢迎允许每日探视的制度,这个制度在孩子需要住院治疗的时间里,让母亲依旧可能与她们的孩子保持联系。

当孩子知道自己生病时,整个问题就容易多了,每个人都明白该怎么做。与很小的小孩交谈时,语言是无用的,而当一个孩子感到病得很重时,语言也是不需要的。孩子们只是希望成人安排一些事情来帮助他们,如果需要住院,他们会接受,即使是含泪接受。

但是,当孩子没有不舒服的感觉而不得不被送进医院时,情况就完全不同了。我记得有一个孩子正在街上玩耍,突然救护车来了,她被送往发热门诊,尽管她自己感觉很好。因为前一天发现(通过医院的喉咙检查)她是白喉携带者。你可以想象这对这个孩子来说多么可怕,她甚至不被允许和家人告别就被送进了诊疗室。

当我们无法向孩子说清楚事情的缘由时,我们必须接受孩子对我们信任感崩塌的现实;实际上,我所说的这个孩子始终没有真正从这一经历的阴影中恢复过来。也许,如果当时允许父母探视,让孩子明白事情的原委,结果会好得多。在我看来,如果没有其他的特殊原因,父母应该被允许来探望这样的孩子,以便孩子处于白热化的愤怒状态时,父母可以给孩子安慰和支持。

我曾说过,需要住院治疗对孩子来说是不幸的,但它也可能存在自己的价值。当孩子年龄足够大的时候,在医院里的经历,或者短暂的在别人家的逗留体验,可能对孩子非常有意义,可以让你以旁观者的视角，从外面看一看这个家。我记得一个十二岁的男孩在疗养院待了一个月后说："你知道，我不认为我真的是我母亲的宝贝。她总是给我我想要的一切，但她并不真正爱我。"虽然不知因何原因，但他说得很对：他的母亲很努力地照顾他，但她自身存在很大的困难，这就妨碍了她与孩子们的交往。对这个特别的男孩来说，能够从远处观察母亲和自己的关系，这是很有利于成长的。他回去后，就可以用新的方式来处理家庭里的事情了。

由于自身的成长创伤或者现实存在的某些困难，一些父母自己的状态并不理想。这对医院探视有何影响？如果父母探视时在孩子面前争吵，不仅当时的局面令人痛苦，还会让孩子事后十分担心。这样的事情会严重影响孩子恢复健康的时间。有些父母不能遵守承诺：他们对孩子说他们某个时间会来，或者会给孩子带来一些特别的玩具或书，但他们没有做到。还有一个问题：父母虽然送了礼物，给孩子准备了衣服，做了各种当然非常重要的事情，但却不能在适当的时候给孩子一个拥抱。这样的父母可能在孩子住院的条件下更容易发现自己爱孩子。他们早早就来了，尽可能多地停留，还带来越来越多的礼物，他们走后，孩子几乎被堆砌的礼物压迫得无法呼吸。有一次，一个小女孩恳求我（大约是在圣诞节期间）：把它们（礼物）从小床上拿下去！这些礼物不再是爱，而是沉重的负担。

在我看来，如果父母过于强势、不可信任或极易激动，他们的孩子在医院无人探视的情况下，情绪反而可以得到很大的缓解。照顾这类型孩子的护士，她的观点是：所有的孩子最好不要被探视。在这些被探视的孩子之外，护士还得照顾那些父母住得太远而无法被探视的孩子，以及最困难的——那些根本没有父母的孩子。

当然，探视时间对于护士管理这些孩子并无帮助，这些孩子对护士有特殊的要求，因为他们对人的信任度很低。对于没有良好家庭成长背景的孩子来说，住院可能是他们的第一次美好经历。他们中的一些孩子甚至因为不再相信人类而无法表达悲伤；他们必须与出现的每一个人立刻交朋友，当独自一人时，他们就会前后摇晃，或将头撞向枕头，或撞向小床的两侧栏杆。

父母当然不需要因为病房里有这些儿童而让自己的孩子受苦，但同时你也应该知道，当其他孩子被自己的父母探视时，护士对这些不够幸运、无人探视的孩子的管理就会变得更加困难。

当住院治疗的孩子一切顺利时，这段经历对孩子的主要影响可能就是，之后孩子们将有新的游戏：以前有"父亲和母亲"，然后当然是"学校"，现在是"医生和护士"。在这些游戏里，被治疗者有时是婴儿，有时是一个娃娃、一只狗或一只猫。

我想说，对住院儿童实行日常探视，是一项早就应该进行的改革，也是医院制度的重要组成部分。我对这种新趋势表示欢迎，因为它可以减少孩子的痛苦，而且对于幼儿来说，当一个孩子在医院待上一段时间后，就可以很容易地在"好行为"与"坏行为"之间做出正确的区别。

今天当我们走进儿童病房时，看到一个小孩子站在小床上急切地想找人说话，我们很容易听到这样的话："我妈妈来看我了！"这种骄傲的自夸是一种新现象，以前可不会有。我还可以告诉你一件事：一个三岁的小男孩在哭，护士们努力寻找让他开心的办法。拥抱没有用，小男孩不想要。最后他们发现，在他的小床旁边放一把椅子可以使他平静下来。过了一会儿，小男孩才说："那是爸爸明天来看我时要坐的。"

所以你看，儿童住院探视制度的允许或者禁止，其中有比单纯地防止伤害更重要的东西。我尝试让父母理解探视中的这些困难，是希望家长努力做好对医生和护士的配合工作，这样，医院就可以继续坚持允许探视的制度，他们知道，探视对孩子来说是好的事情，但他们也知道，探视有时也会破坏医生和护士为家长做的、非常负责任的工作的质量。

第三十四章　青少年犯罪

　　青少年犯罪是一个庞大而复杂的主题，我尝试着谈谈反社会儿童，简单说说犯罪与剥夺家庭生活之间的关系。

　　你知道，如果在一所经批准的工读学校里随机地抽几个学生做调查，对他们的诊断中可能有正常（或健康）的孩子，也可能有精神分裂的孩子。然而，有一个共性的东西将所有的犯罪少年联系在一起。它是什么？

　　在一个普通的家庭里，男人和女人　丈夫和妻子，共同抚养他们的孩子。婴儿出生后，母亲（在父亲的支持下）带着每个孩子，了解每个人的个性，处理每个孩子的个性化问题，这些日常生活细节都影响到社会的最小单位，即家庭。

　　正常的孩子是什么样的？他是否只是驯服地成长，露出甜美的笑容？不，他不是这样的。一个正常的孩子，如果他对父亲和母亲有信心，就会使出浑身解数，日复一日，尝试用自己的力量来扰乱、破坏、惊吓、消磨、浪费、纠缠和占有。所有将人带到法庭（或精神病院）的事情，在婴儿期和幼儿期都是属于正常反应，这是孩子在探索和建立对应关系，孩子与他自己的家庭的关系。如果这个家能经受住孩子的一切破坏，他就会安下心来玩耍；但在此之前，他必须进行测试，对父母的安排和家（我指的是比房子更多的东西）的稳定性进行测试——特别是一些看上去让人存疑的地方。如果孩子想玩耍，想画自己的画，想做一个不负责任的孩子，想获得自由的话，他需要先感知（意识）到一个能约束自己的框架，或者说，一个规则的边界。

为什么会这样呢？原因就是，在人类情感发展的早期阶段，充满了潜在的冲突和破坏。这个时期的小生命与外部现实的关系尚未牢固，人格尚未很好地整合，基于原始本能的爱带着破坏性的目的，而且婴儿还没有学会如何容忍和应对本能。

婴儿需要借助父母为他构建的框架来认知规则，框架是他的约束，也是他的支撑。

如果周围的环境是稳定的、边界清晰的、允许个性化的，孩子就能学会来管理自己及身边的事情，甚至更多。但在一开始，他绝对要生活在一个爱和力量的圈子里（随之而来的才是容忍），如果他不能忍受对自己的欲望和想象的恐惧，就不能在情感发展方面取得进展。

现在，如果一个孩子还没有来得及将规则内化为他天性的一部分，家庭就让他失望了，会发生什么呢？流行的观点是，当孩子发现自己"自由"后，他就开始充分享受。这种观点与事实相去甚远。当孩子发现他的生活规则被打破时，他不再感到自由。他会变得很焦虑，如果有可能，他就会去寻找其他地方的规则，而不是在家里。在家里不能得到安全感的孩子，会在家门之外寻求安全感；他会仍然抱有希望，去找祖父母、叔叔和阿姨、家庭的朋友、学校。他会寻求一种外部的稳定，没有这种稳定他可能会发疯。

如果在适当的时候，这种稳定（框架）可以像身体里的骨头一样长在孩子身上，那么在他生命的最初几个月和几年的时间里，他将学会从依赖和需要被管理逐渐走向独立。通常，家庭环境不够稳定的孩子，会从其他人际关系和学校中得到他在自己的家庭中所错过的东西。

而反社会的孩子需要去更远的地方寻找，是从社会而不是自己的家庭或学校，来寻找他所需要的稳定，这样，他才能顺利通过情感成长的早期这个相当重要的阶段。

可以这样说，当一个孩子偷糖的时候，他是在寻找属于自己的好母亲，这个人是属于他的，他有权从她那里得到甜蜜、愉悦，等等。事实上，这种甜蜜就应该是他的，因为是他从自己爱的能力中、原始的创造力中，发明、创造了好母亲和她的甜蜜。

他也在寻找他的父亲。孩子寻找父亲，让父亲保护母亲免受孩子对她的攻击，这些攻击，是孩子对母亲原始的爱的表达。当一个孩子在自己家偷东西时，他仍然是在寻找母亲，但他是带着挫败感来寻找的，同时，他也越来越需要找到父亲，借助父亲的权威来控制自己的冲动行为，也限制他在兴奋状态下产生的想法以及行动的强烈程度。

在严重的青少年犯罪行为中，作为观察者，我们感到很痛苦，因为我们看到孩子对严父的强烈需求，当母亲被发现和被攻击时，父亲将保护母亲。孩子呼唤的"严父"也可能是慈爱的，但他首先必须是严格和强大的。只有当严格和强势的父亲出现时，孩子才能重新获得原始的爱欲冲动，他的内疚感，以及修补关系的愿望。

在这些潜意识的需求被满足之前，这些少年犯罪者只能不断地惹麻烦，否则他们只能逐渐变得越来越抑制自己的原始爱欲，并因此越来越抑郁，最终导致人格解体，根本无法感受事物的真实与客观性，除了暴力的现实。

青少年的犯罪行为表明孩子仍有希望。你会看到，当孩子出现反社会行为时，不一定是疾病，反社会行为有时不过是他们向强壮的、友爱的、自信的人发出的求助信号,希望后者能帮助他们控制自己。然而,大多数罪犯在某种程度上的确是病态的,"疾病"这个词对他们也算恰当:在许多情况下,这些孩子的症状就是安全感没有足够及时、足够坚实地进入孩子的成长中,没有被纳入他的信仰。

在强有力的管理下,一个反社会的孩子可能看起来还不错。但一旦给他自由,他很快就会感受到内在疯狂的威胁。所以他冒犯他人,违反社会规则(虽然他可能不知道自己在做什么),让自己处于外部的强力控制之下。

正常(顺利成长)的孩子,在最初阶段得到家庭的帮助,发展出了控制自己的能力,发展了被我们称为"内在世界"的东西,也倾向于寻找良好的环境。反社会的、病态的孩子,没有机会发展出一个良好的"内在世界",如果他想得到愉悦,如果他想轻松地玩耍或工作,就需要绝对控制的外部环境。

在正常儿童和反社会儿童这两个极端之间,一些儿童仍然有机会获得内在的稳定,前提是,有人能够在几年内持续不断地给他们爱与理解。一个六七岁的孩子比一个十岁或十一岁的孩子更有机会以这种方式获得帮助。

在战争中,许多人有过这样的糟糕经历:他们在儿童临时收容所待过一段时间。临时收容所为失去了家庭的儿童提供了一个稳定的环境,特别是为那些无家可归的儿童。在战争年代,有反社会倾向的儿童被当作有病的人对待。这些临时收容所取代了为社会适应不良儿童开设的专门学校,为社会做了预防工作。他们更容易将犯罪行为当作一种疾病来对待的原因,是因为大多数儿童还没有被送到少年法庭。

临时收容所肯定是适合将青少年犯罪作为个人疾病进行治疗的地

方，也是进行青少年研究和获得经验的最佳场所。我们都知道一些工读学校原本做了很多的努力，但这些学校中的大多数儿童都曾在法庭上被定罪，这就造成了实际工作中的困难。

这些临时收容所有时也被称为适应不良儿童的寄宿之家，那些把生病儿童的反社会行为当作求助信号的人有机会在这里发挥作用，同时得到学习的机会。在战时，英国卫生部下属的每个临时收容所或临时收容所小组都有一个管理委员会，在我所在的小组中，委员会对临时收容所工作的细节都十分上心，并且认真担负起了责任。

许多地方法官都可能被选入这样的委员会，从而密切关注那些尚未提交少年法庭的儿童的实际管理。对于执法者而言，仅仅参观工读学校或临时收容所是不够的，也不能仅仅依靠听取别人的意见来做出自己的判断。唯一有用的方法就是承担一些责任，即使是间接责任也行，这样才能为那些管理有反社会倾向儿童的人们提供明智的支持。

在其他适应不良儿童的学校里，人们可以自由地以治疗为目的开展工作，这就与之前的环境有很大不同。治疗失败的孩子最终会被送上法庭，但成功者会成为正常的公民。

现在回到被剥夺了家庭生活的儿童的主题上。除了忽视他们（在这种情况下，他们往往会作为罪犯被送入少年法庭），还可以用两种方式来处理：让他们接受个人心理治疗，或者为他们提供一个强有力的稳定环境，提供人性化的爱，并逐渐扩大他们自由的范围。事实上，如果没有后者，前者（个人心理治疗）是不可能成功的。而在提供了合适的家庭替代环境的情况下，心理治疗可能都变得没有必要。这是好事情，因为可以做心理治疗的精神分析师十分紧缺。即使现在准备足够的人手，也要经过好几年的专业训练，才能有资格进行个人心理治疗。而现在，迫切需要做个人治疗的案例已经太多了。

个人心理治疗的目的，是使儿童能够完成自己的情感发展。这就意味着很多事情，包括让孩子建立一个良好的现实感受能力，包括外部环境和内在世界的统一，以及完成个人人格的整合。充分的情感发展意味着所有这些（以及更多）。这些以原始本能为基础的构建完成之后，孩子会发展出最初的关切和内疚感，以及早期的补偿冲动；而在家庭方面，则是由最初的三角关系逐步发展出来的，家庭生活之内的所有复杂的人际关系。

除此以外，即使这一切进展顺利，即使孩子能够处理好与自己以及与大人和其他孩子的关系，他仍然可能面临一些复杂的问题，例如，母亲有抑郁症，父亲有躁狂症，哥哥有不良嗜好，妹妹有病。我们对这些事情想得越多，就越能理解为什么婴儿和小孩子绝对需要属于他们自己的家庭环境，并且尽可能地，还需要一个稳定的物质环境。

在这样的思考中，我们看到，被剥夺了家庭生活的孩子，必须在他们还足够年少时，给他们提供一些人性化的、稳定的环境，以便让他们按照自己的需要加以利用。否则，他们必然会迫使我们以工读学校或是监牢的形式，为他们提供强制性的稳定环境。

这样一来，我又回到了关于"抱持"[①]和满足依赖性的观念上。与其以后被迫"抱持"一个生病的青少年或反社会的成年人，不如一开始就"抱持"好一个婴儿。

[①] 抱持（holding），温尼科特提出的抱持，是指母亲能满足婴儿早期的各种需要，这个需要既是指对身体的抱持、保护，也是指对精神的支撑、涵养。

第三十五章　攻击的根源

从散落在本书中的各种奇怪的参考资料中，读者可以看到：婴儿和儿童会尖叫，会咬人，会踢人，会拉母亲的头发，会有攻击性或破坏性的冲动，以及其他令人不愉快的种种行为。

破坏性与攻击性让照料婴儿和儿童这件事变得复杂，同时父母还需要对孩子的破坏性行为进行管束，但更重要的是理解。这就是我想从理论上对攻击性的根源进行阐述的原因。然而，我怎样才能对这个宏大而艰深的主题做出恰当的解释，特别是当我的许多读者只是在实际的婴幼儿护理工作中获得实践经验，而并非心理学的专业人员？

简而言之，攻击性有两种含义。一种含义是，它是直接或间接的对挫折的反应；另一种含义是，它是生命动力的两个来源之一[1]。对这个主题的深入阐述会产生极其复杂的问题，在此我只能力求将重点部分阐述清楚。

大家都认可这样一个前提：我们不应该只谈论在儿童生活中表现出来的攻击性。当然这个问题已经相当庞大了；但在任何情况下，我

---

[1] 弗洛伊德在早期的精神分析理论中认为，人的生命动力只有两个来源：力比多和攻击性。但是后来的精神分析学者将之扩展为力比多、攻击性、关系、自恋四个来源。

们都是与成长发育中的儿童打交道，我们关注的，是孩子从一个阶段发展到另一个阶段的变化过程。

有时，婴幼儿和一些学龄儿童的攻击性会表现得很直接，这种行为对孩子自身的消耗很大，需要有人来承接它们，并防止造成伤害。同样，有些攻击性冲动则比较隐秘，不公开显示，而是以某种相反的形式出现。我想我们可以看看攻击性的各种反向表达形式。

不过首先，我必须做一个总的前提说明。虽然遗传因素的差异使我们成为各自不同的样子，但从根本上说，人性在本质上都是一样的。我的意思是，在所有的婴儿、所有的儿童和所有的成人中，都可以找到人性的一些共同特征；而且对于人类来说，每个个体都将经历从最初的婴儿期到成年的成长过程，这个成长过程中的各个要素也适用于所有的人，无论他们的性别、种族、肤色、信仰或社会环境看起来有怎样的差异。

尽管外表有所不同，但人类事务都存在着共同点。一个婴儿可能有攻击性的表达，而另一个婴儿可能自始至终没有表现出任何攻击性；但两个孩子其实都有相同的内因——攻击性冲动，只是他们以不同的方式处理攻击性冲动所产生的压力。

如果我们仔细观察，试图找出一个人最早的攻击性，遇到的就是婴儿的运动。这种运动在婴儿出生前就开始了：未出生的胎儿不仅在母亲肚子里扭动身体，还会突然抽动四肢，使母亲感觉到剧烈的胎动。胎儿的身体在移动中可能会遇到阻碍，观察者也许称其为打人或踢人，但这些动作并不具备打或踢的实质，因为胎儿还没有成为一个有明确行动目的的人。

所以我们推测，每个婴儿都有自主运动的倾向，并从运动中获得某种肌肉的快感，也会在运动中遇见（碰到）某种东西而获得体验，这些都是婴儿很重要的收获。按照这个观点，我们可以观察婴儿的一系列运动与情绪同步发展的过程：从简单的运动到表达愤怒的行动，到表达仇恨和控制仇恨的状态，这个可以描述婴儿的发展过程。如果继续推演，我们可以看到，偶然的打人（触碰）可能会变成有意的伤害，与此同时（当产生伤害时），我们还可以发现婴儿对某个既爱又恨的对象的保护。

此外，我们还可以追踪攻击性与破坏性冲动在个别儿童的身心结构中产生的一系列反应，观察它们是如何组织起来的，是如何成为一种行为模式的。在健康的发展中，所有这些攻击性与破坏性冲动以及其发展过程，都可以在孩子的意识和潜意识层面反映出来，比如出现在儿童的梦境和游戏中。还有在儿童的直接攻击里，这些攻击都会指向孩子身边最亲近的人和最亲近的环境，他们有被攻击的价值，也能承受住攻击所产生的破坏力。

我们可以看到，这些早期的婴儿撞击（运动）开启了婴儿对自我及世界的发现，以及与外部物体产生关联的尝试。随之出现的攻击性行为源于这种简单的冲动，它引发了自身运动和向外探索的意愿。攻击性总是与"边界"联系在一起，对婴儿来说，边界就意味着：在"什么是我的"和"什么不是我的"之间建立明确的区别。

我希望我已经清楚地表明，所有人类的个体既有其相似性，也有个体差异。针对这个前提，我来聊聊攻击冲动的对立表现。

举一个例子：大胆的孩子和胆小的孩子之间，在攻击性上存在着明显对比。

大胆的孩子，其攻击倾向是公开表达攻击性和敌意，并由此释放冲动，获得解脱；而胆小的孩子，则倾向于拒绝承认"这种攻击性存在于自我之中"，他认为这些攻击性存在于自身之外的其他地方，并且害怕这种攻击性，担心它会从外部世界降临到自己身上。

第一类孩子是幸运的，因为他发现表达敌意的后果是有限的（可控的）和可消耗的（影响会渐渐减少）；而第二类孩子却从未达到满意的终点（让自己安心），而是持续地担心着麻烦的到来。在某些情况下，麻烦确实因此而存在。

有些孩子倾向于在别人的攻击行为中，发现和体验自己被控制（压抑）的攻击性冲动。这可能是一种不健康的发展方式，因为当外界的攻击动力不足时，这个类型的孩子必然通过妄想来弥补。因此，我们发现这样的孩子总是下意识地等着受迫害，甚至因为假想中的自我防卫而对妄想出来的敌手发动攻击。其实人家根本没有攻击他。这是一种疾病，但在所有儿童的发展中，都可以在某个阶段里找到这种模式。

再来看另一种相反的情况。我们把容易表达攻击性的孩子与把攻击性"藏在心里"的孩子进行对比，发现后者往往容易变得紧张、过度控制和过于严肃。自然而然地，处于压抑中的孩子，所有的冲动都会受到一定程度的抑制，因此创造力也会受到抑制，因为创造力与婴儿期和儿童期的不负责任以及自由心态息息相关。

然而，在后一种情况下，受压抑的孩子虽然在内心自由方面失去了一些东西，但也会有另一种收获：他的自制力开始发展，同时也会很自然地为他人考虑，并保护世界免受孩子本能的无情伤害。因为在健康的状态下，每个孩子都有能力站在别人的立场上考虑，并有能力认同外部物体和个人。

过度自我控制的尴尬之处在于，一个善良的孩子，一个不会伤害旁人的孩子，可能会定期爆发出攻击性的情感和行为，例如发脾气，或采取某种恶毒行动，而这些行为对任何人都没有积极价值，尤其是对孩子自己，他事后甚至都不记得发生了什么。在这种情况下，父母所能做的，就是找到一些方法来度过这样一个尴尬的成长阶段，并希望随着孩子的成长，可以发展出更有意义的表达攻击性的方法。

另一个更成熟的攻击性行为的替代方案，就是孩子做梦。在梦中，破坏和杀戮都会与身体的兴奋有关，这是一种真实的体验，而不仅仅是一种思维活动。能够驾驭梦境的孩子，也为各种游戏做好了准备，无论是独自一人玩耍还是与其他孩子一起游戏。如果孩子的梦中包含太多的破坏性，过于混乱，或涉及对神圣客体的严重威胁，孩子就会尖叫着醒来。这时，就需要母亲发挥她的作用：随时准备帮助孩子从噩梦中醒来，安抚孩子，帮助孩子重新建立与外部现实之间的联系。这个过程可能需要花上半个小时。不过，噩梦本身对孩子来说，也是一个奇异的、令人满足的经历。

在这里，我必须明确区分做梦和白日梦的区别。我指的做梦，不是在清醒状态下将幻想串联起来的白日梦。我说的做梦是做梦者在睡觉，并且可以被唤醒。梦可能会被遗忘，但它已经被梦到了，这一点很重要（还有一种真正的梦会蔓延到孩子的清醒生活中，但这是另一个故事）。

这里我谈谈游戏。游戏也可以成为表达攻击性的途径。它利用了幻想和梦的全部资源，以及更深的，甚至最深的潜意识层。我们很容易看到，儿童对象征符号的接受，在健康发展中起到了多么重要的作用。用一件事"代表"另一件事，其结果是大大缓解了属于赤裸裸的事实的粗糙和尴尬的冲突。

如果一个孩子温柔地爱着母亲，同时又想吃掉她，或者当一个孩子既爱又恨父亲，却不能把恨或爱转移到叔叔身上，或者当一个孩子想摆脱一个新的婴儿，却不能通过失去一个玩具来圆满地表达这种感觉，这些都是很棘手的。有一些孩子是这样的，他们难以用一件事"代表"另一件事，只能自己受苦。

不过，通常情况下，孩子在婴儿早期就能接受象征符号了。象征符号的接受给孩子的生活经验提供了过渡的空间。例如，当婴儿很早就对一些特殊物体拥抱时，这个物体就是一个结合的象征，既代表他们自己也代表母亲。就像被吸吮的拇指对于婴儿一样，这个象征物本身可能会被攻击，也会被重视，是婴儿最为宝贵的财产。

游戏的前提，就是基于对符号（象征物）的接受，它有无限的可能性。它可以是儿童能够体验到的、在个人内在心理现实中可以找到的任何东西。这也是儿童不断增长的身份感的基础。这里面有攻击性，也有爱。

随着儿童个体的逐渐成熟，出现了另一种对攻击性的应对方式，而且是非常重要的一种应对方式：这就是建设性。我试图描述一下这种方式。在有利于儿童发展的环境里，儿童成长到一定阶段，会出现建设性的冲动。建设性冲动与儿童天性中的破坏性，以及希望对自己的破坏性负责任有关。建设性游戏的出现及保持，是儿童健康发展的一个最重要的标志。这是一种不能被植入的东西，就像信任不能被植入一样。它的出现，是时间的作用，是儿童在父母或主要照顾者提供的环境中的全部生活经验的结果。

如果我们从孩子（或成年人）那里收回他们为亲近的人做事情的机会，或收回他们为满足家庭需求做"贡献"的机会，我们就能更清晰地看到破坏和建设这两者之间的关系。我所说的"贡献"是指孩子为了快乐而做事，或者为了能"像某人一样"而做事情，同时，他也发现，这件事情正是母亲的幸福或家庭运转所需要的。这就像在一个组织中"找到自己的位置"。

孩子通过假装给孩子哺乳、铺床、使用吸尘器或做糕点来参与家庭生活，满足参与的条件是这种假装被尊重和认真对待。如果孩子得到的是嘲笑，那这些参与就成了单纯的模仿，孩子就会有一种自身无能和无用的感觉。在这种情况下，孩子可能很容易爆发出直接的攻击性或破坏性。

即使不做类似的实验，这样的状况也会在日常生活中一再出现，因为没有人明白，相比较于"接受"，孩子更需要"付出"。

我们将看到，一个健康婴儿最初的活动特点，就是无指向性的自然运动和对物体的随意碰撞；渐渐地，婴儿开始为了愤怒、仇恨、报复而有意识地做这些运动，以及（包括但不限于）尖叫、吐口水、尿尿和排便。孩子开始意识到会同时产生爱和恨（攻击冲动），还要学会接受这种矛盾的存在。体现爱恨交加的一个最重要的例子，就是咬人的冲动，在婴儿大约5个月后，这种冲动的意义就表现出来了：最终，它演变成了与吃各种食物有关的享受。而它的最初原型，就是一个好客体——母亲的身体——能让婴儿产生咬人的想法，并兴奋地去咬。此后，食物被当成母亲身体（也可以是父亲或任何其他被爱的人的身体）的象征而被接受。

这一切的发展过程都非常复杂，婴儿和儿童需要用大量的时间来寻找攻击性和兴奋点，并进一步学习如何控制它们，而不至于在需要的时候失去攻击的能力，无论是憎恨还是爱。

奥斯卡·王尔德说："每个人都要杀死他所爱的东西。"这也是在提醒我们：在爱的同时，我们也必须同步接受伤害。在儿童护理方面，我们发现儿童倾向于爱他们所伤害的东西。伤害在很大程度上是儿童生活的一部分，问题是：你的孩子将如何找到利用这些攻击性力量的方法，来完成生活、爱、游戏和（最终）工作的任务？

这还不是全部。还有一个问题：攻击性的起源点在哪里？

我们已经看到，在新生婴儿的发育过程中，有最初潜意识的自然运动或尖叫，这些可能是快乐的，但它们并不构成真正的攻击性，因为婴儿还没有发展成为一个真正的人。然而，我们想知道，在很早的时候，一个婴儿是如何产生"破坏这个世界"的想法的。

这一点至关重要，因为正是这种婴儿期"未融合"的破坏（甚至摧毁）的残留物，实际上可能会真实地破坏我们的生活和热爱的世界。在婴儿期的魔法中，世界可以通过闭上眼睛而被消灭，也可以通过新的目光和新的需求而被重新创造。而毒药和爆炸性武器则给婴儿期的魔法带来了一个与魔法截然相反的现实。这些武器所造成的破坏，是无法被婴儿期的魔法所修复的。

绝大多数婴儿在最初阶段都得到了足够好的照顾，从而在人格上实现了一定程度的整合，完全无意义的、大规模的破坏性风险也就变得不太可能了。要预防这种毁灭世界的风险，最重要的是我们必须认识到父母在家庭生活中为促进每个婴儿的成熟所扮演的角色；特别是要学会评估母亲在最初阶段所扮演的角色，在这个阶段，婴儿与母亲的关系从纯粹的身体接触转变为婴儿与母亲态度之间的关系，也因此，纯粹的身体关系开始被情感因素所丰富和复杂化。

但问题是：我们是否知道这种力量的起源？它是人类固有的、破坏性活动的基础，还是继发的、源于自我控制的痛苦？这一切的背后其实就是神奇的幻灭。这是婴儿发展早期阶段的正常现象，并与神奇的创造并驾齐驱。对所有物体的原始创造或幻灭都属于这样一个事实（对婴儿来说）：物体从"我的一部分"变为"非我"，从主观现象变为客观感知。通常情况下，这种变化是通过微妙的梯度发生的，它会跟随发展中的婴儿逐渐变化，但如果婴儿遇上的是存在身心缺陷的母亲，那么这些变化就可能以婴儿无法预测的方式，非常突兀地发生。

母亲以一种敏感的方式，引领婴儿度过早期发展这一重要阶段，母亲给婴儿充分的时间，让他获得各种方法来处理来自一个掌控之外的世界的冲击——原本婴儿以为整个世界都在自己神奇的掌控之下。

认识到存在着一个不在他控制范围内的世界，这对于婴儿是一件极其震撼，也需要学习应对和处理的事情。

如果允许婴儿成熟的时间很充分，婴儿就会变得有能力进行破坏，能够仇恨、踢打和尖叫，而不是简单粗暴地用魔法消灭这个世界。这样一来，攻击性就可以被视为一种发展成就。与魔法毁灭相比，攻击性的想法和行为更具有积极的价值，如果我们牢记个人情感发展的整个过程，特别是早期阶段，我们就能看懂为什么仇恨成了文明的标志。

在这本书中，我努力试图说明生命发展的这些微妙阶段，当有足够好的母亲和足够好的家庭时，大多数婴儿确实获得了健康和能力，把魔法控制和破坏、摧毁放在一边，享受他们身上的攻击性，以及所有温柔的人际关系和丰富的内在世界，以此构筑他们的童年生活。

温尼科特的著作

Clinical Notes on Disorders of Childhood. 1931. London: William Heinemann Ltd.

The Child and the family: First Relationships. 1957. London: Tavistock Publications Ltd.

The Child and the Outside World: Studies in Developing Relationships. 1957. London: Tavistock Publications Ltd.

Collected Papers: Through Paediatrics to Psychoanalysis. 1958. London: Tavistock Publications. New York: Basic Books, Inc., Publishers.

The Child the Family and the Outside World. 1964, London: Penguin Books. Reading, Massachusetts: Addison-Wesley Publishing Co., Inc.

The Maturational Processes and the Facilitating Environment. 1965. London: Hogarth Press and the Institute of Psychoanalysis. New York: International Universities Press.

The Family and Individual Development. 1965. London: Tavistock Publications Ltd.

Playing and Reality. 1971. London: Tavistock Publications Ltd. New

York: Basic Books.

Therapeutic Consultations in Child Psychiatry. 1971. London: Hogarth Press and the Institute of Psychoanalysis. New York: Basic Books, Inc., Publishers.

The Piggle: An Account of the Psycho-Analytical Treatment of a Little Girl. 1978. London: Hogarth Press and the Institute of Psychoanalysis. New York: International Universities Press.

Deprivation and Delinquency. 1984. London: Tavistock Publications.

Holding and Interpretation: Fragment of an Analysis. 1986. London: Hogarth Press and the Institute of Psychoanalysis.

Home Is Where We Start From. 1986. London: Penguin Books. New York: W. W. Norton & Company, Inc.

Babies and Their Mothers. 1987. Reading, Massachusetts: Addison-Wesley Publishing Co., Inc.

Selected Letters of D. W. Winnicott. 1987. Cambridge, Massachusetts: Harvard University Press.

Human Nature. 1987. London: Free Association Books.